U0236801

水产养殖技不歌诀
与趣味知识集

SHUICHAN YANGZHI JISHU GEJUE

YU QUWEI ZHISHIJI

孟小林 著

中国农业出版社

北 京

序

随着社会的进步和人民生活质量的提升，水产品的质量安全及水生态的保护愈发受到党和国家领导人的高度重视和关注。习近平总书记指出："我们既要绿水青山，也要金山银山。宁要绿水青山，不要金山银山，而且绿水青山就是金山银山。"这一重要指示为我国水生态环境可持续发展指明了方向。

以武汉大学生命科学学院病毒学国家重点实验室孟小林教授为首的研发团队通过潜心的研究和深入的探求，在水产重组抗病药物、生物制剂方面取得了系列的成果，孟教授结合一线的养殖经验，创作了324首诗歌，形成了《水产养殖技术歌诀与趣味知识集》一书。本书以独特的视角和新颖的形式，展示了著者对水生生物趣味知识的爱好和长期以来在水产养殖病虫害防控领域的研发心得。

按照成熟的构思，孟教授把本书分成知识趣味、水质调控养殖技术、水产病害防控、虫害防控、对症下药、感悟与展望六章。

知识趣味章有57首诗歌，内容妙趣横生、引人入胜，既具知识性，又极具趣味性。如"鱼塘养鹅好处多"，著者以拟人化的写作手法，把鹅施药、增氧、除青苔，不怕苦、不怕累，不求回报，专为渔农服务的奉献精神写得既活灵活现，又切合池塘养鸭、养鹅的养殖模式。在知识趣味上，著者将鱼鳞、鱼涎、鱼皮、鱼须、鱼子、鱼鳔、鱼油、鱼胆、鱼肉以及鱼骨的功能、药用价值，鱼有胃无胃、有鳔无鳔、慈母鱼、孝子鱼、胎生鱼、海马等水生生物的生活及生殖习性以诗歌的形式描写出来。相信这些诗歌对大众来说，会是很好的科普作品，尤其是作为趣味知识对青少年来说更会受益匪浅。

在水质调控养殖技术一章中，著者用35首诗歌概括了养鱼调水改水的各个方面，针对藻类、溶解氧、pH值、氨氮、亚硝酸盐、硫化氢等水质指标的检测与调控，渔药的规范使用等，给出了科学合理且行之有效的措施和解决方法。

水产病害防控章，是整本书中篇幅最长的一章，共127首诗歌，涵盖了鱼虾及其他水生生物如鲢、鲤、鳙、鲖、鳊、鳜、草鱼、青鱼和螃蟹等几十个物种的病害防控技术，个性化地介绍了防控要诀。由于水产病害防控的专业性强，在选词造句和押韵方面的难度很大，而著者能做到将每种病害的起因、临床症状、防治措施以诗歌的形式恰到好处地表述出来，可见著者对水产病害的发生规律和预防有着深厚的知识功底和深刻的领悟。在诗歌的写作上也尽量做到了精雕细琢、反复揣摩，文字内容自然流畅、朗朗上口，渔农易于接受。为弥补诗歌的局限性，使读者更好地理解诗歌的意思，著者还在原理上给出了进一步的注释，这更能反映出著者对诗歌和读者认真负责的态度。

虫害防控章共29首诗歌，著者抓住了几种主要的虫害，包括水蜈蚣、龙虱、田鳖、松藻虫、多子小瓜虫、锚头鳋、车轮虫、指环虫、三代虫、斜管虫以及河蟹类纤毛虫等害虫所引起的疾病，对发病症状及处置办法进行了描述；另外，把小龙虾、青蛙列为鱼苗的天敌，把美国境内的亚洲鲤鱼、北美洲的斑马贻贝列为破坏生态环境的外来物种，并提出了解决办法。著者大胆地提出以病毒来控制哈尼梯田的小龙虾、美国境内亚洲鲤鱼的繁衍，利用病毒有益的一面来造福社会，为控制外来物种的入侵提供了新的思路。

对症下药章共38首诗歌，著者对不同类型产品的性能、作用原理、用途有着深刻的领悟，以一种喜闻乐见、通俗易懂、言简意赅、朗朗上口的诗歌形式将其描写出来。例如，"枯草芽孢酶转化""凝结芽孢适应强"……这不仅让广大渔农易看、易记，更是易懂、易用；在对水产养殖用杀虫剂、杀菌剂的使用要则方面，著者写了多篇五言诗句，如"辛硫磷无鳞鱼忌""虾蟹不碰菊酯药"……这些诗句语言精练，韵味十足，取舍得当，顺理成章，丝毫无牵强附会之感。

感悟与展望章共38首诗歌。感悟部分代表作有"渔夫打鱼风波里""渔民期盼好政策"等，这些诗歌真切地展现了著者对渔农深厚的情感和对渔农辛劳的体谅，他代渔农以歌疾呼"养鱼要政策""渔业进商保"，以减轻渔农因天灾、鱼病带来的经济损失，更好地调动和发挥渔农养鱼、养好生态鱼的积极性。吃安全鱼是每个消费者关心的问题，著者也列举了多种水产养殖过程中的违禁药，以诗歌帮助消费者分辨和知晓。展望部分饱含著者对水产病虫害防控未来发展的殷切期望，期望未来我国的养鱼模式是"养鱼工厂化、管理科学化、鱼病进医保、渔农进商保"，这一新的思路和养殖模式可以极大地节约水资源、减少污水的排放、提高单位产量，既保证了鱼的合理用药，又减少了抗生素的使用，还可有效地调动养殖投资人的积极性。

《水产养殖技术歌诀与趣味知识集》，实为专业知识以诗歌的形式来表达，著者做出了大胆的尝试，让人耳目一新。其词汇丰富，不拘一格，通俗易懂，是一部既具有知识性和科普性，又具有趣味性和实用性的优质诗歌集。其趣味性将会受到青少年的青睐；其专业性适合大专院校、科研院所的学生学习借鉴，更适合用于对水产技术推广人员和养殖户的宏观专业指导。开卷者必将从中大有所获。

2020 年 9 月 16 日

目录

序

第一章　知识趣味

第一节　淡水水生生物趣味

第二节　海洋生物趣味

第三节　水生生物的食用、药用功能

第二章　水质调控养殖技术

第一节　水质调控

第二节　养殖技术

第三章　水产病害防控

第一节　病毒性鱼病

第二节　细菌性疾病

第三节　应激、营养缺乏、肝胆综合性疾病

第四章　虫害防控

第一节　寄生虫害

第二节　非寄生虫害及水生动物危害

第五章　对症下药

第一节　培藻类产品

第二节　功能、保健类产品

第六章　感悟与展望

第一章 知识趣味

DIYIZHANG ZHISHI QUWEI

　　本章包括三节，第一节为淡水水生生物趣味23首，第二节为海洋生物趣味21首，第三节为水生生物的食用、药用功能13首。之所以把这些趣味知识放在第一章，主要是考虑到本书作为一种科普读物，这样能让更多的读者加深对水生生物趣味知识及其药膳功能的了解，从而让更多的人关注海洋生物和水产养殖，通过多吃水产品给人们的身体健康带来更多的益处。

　　民以食为天，富则注养颜。第三节概括了鱼鳞、鱼涎、鱼皮、鱼须、鱼子、鱼鳔、鱼油、鱼胆、鱼肉以及鱼骨的食用功效、药用价值。"慈母鱼与孝子鱼""雄性海马好丈夫""石鱼守职美名传"等诗歌，既描述了这些生物的遗传天性，又拟人化地把它们的习性提升到"世上只有妈妈好"、做一个"好丈夫"、"忠于职守"的高度来赞美，正能量地去传递"鱼有真善美"，作为高级动物的人类更应当如此的思想内涵。

第一节　淡水水生生物趣味

鱼塘养鹅好处多

鱼塘养鹅新模式，好处颇多值一试，
鹅不吃鱼共和谐，用鹅代工很省事。
早上喂鹅料拌菌，吃饱喝足随拉粪，
粪中益菌鹅泼洒，调水省工鹅有份。
鹅在水中荡双桨，激起涟漪波荡漾，
为鱼提供水溶氧，机械退休鹅上岗。
浮萍青苔你莫怪，你是鹅的一道菜，
渔民对你虽无奈，鹅吃你来长得快。
鹅为渔民做服务，不为报酬只为主，
曲颈高歌唱一曲，少吃肉来多吃鱼。

注释：

　　鹅以植物料为主食，不吃鱼虾。在鹅饲料中添加益生菌，有利于饲料的转化，所拉出的粪便含有大量有益微生物，通过鹅排泄到池塘的任意角落，把泼洒益生菌的事交给鹅来完成，起到事半功倍的效果。鹅属家禽，把其放在淡水水生生物趣味中，是由于有的养殖户把养鹅、养鸭与养鱼结合起来，形成一种互为补充的模式。

2 巧用地笼捕龙虾

抓捕龙虾不撒网，月光之下摆地笼，

迷魂阵中食引诱，清晨收笼提不动。

🐟 注释：

小龙虾的嗅觉对食物敏感，可用虾笼投饵料的方式诱捕。在小龙虾养殖密度高的池塘或稻田，要掌握好抓捕的时间，如笼中关的量过多，容易造成虾的挤压、缺氧、应激、互相残杀，作为种虾销售更要注意。

3 龙纹螯虾偶奇变

龙纹螯虾出神奇，一虾突变代代雌，

无须公虾自繁衍，自我克隆千千万。

若把克隆虾种引，个个产卵苗倍增，

只是没有爱情故，这种繁衍好无趣。

🐟 注释：

25年前，一个简单的基因变异，变异出了一只可以无限复制自己的雌性小龙虾，它可以不用和雄虾交配，直接产卵繁殖下一代。所繁殖的下一代也都是清一色的雌虾，同样也都可以不经交配产卵繁殖下一代。它们的基因几乎一模一样，甚至可以说，它们几乎都是从同一个母体复制出来的，从基因的层面讲，它们可以算是同一只虾。

4 龙虾雌雄如何辨

龙虾雌雄如何辨？雄大雌小很直观，
雌虾游足软绵绵，雄虾游足硬邦邦。
引种雌雄何比例？雌多雄少三比一，
如仅上市无所谓，管它是雄还是雌。

注释：

辨别龙虾雌雄，除看形态大小外，还可查看其腹部的第一对游水足（实为生殖器官），如果纤细柔软，则是雌龙虾；如果粗壮有壳，则是雄龙虾。

5 鱼苗驯食上饭堂

咚咚咚！咚咚咚！咚咚咚咚咚咚……
远处传来闷鼓声，那是渔农在打更，
召唤鱼儿来吃食，专为鱼苗搞培训。
水面放置栏料框，饵料投放框中央，
鱼儿听到鼓声响，条件反射上饭堂。
咚咚咚！咚咚咚！咚咚咚咚咚咚……

注释：

打更是我国古代的一种夜间报时制度，由此产生了一种巡夜的职业，即更夫，更夫也俗称打更人。如在古装戏中所看到的，到了夜晚，会有"咚！咚！咚！"的鸣锣声，打更人喊着"关好门窗，防火防盗"。本诗中的"打更"是现代渔民驯鱼进食的一种方式。

6 苍蛆养鱼抗病强

苍蛆茅坑能生存，超强免疫胜过人，
奥妙其一抗菌肽，细菌病毒阻入门。
苍蛆养殖有前景，活蛆喂鱼免疫增，
蛋白营养自然丰，人工饲料岂可比？

注释：

蝇蛆粉粗蛋白含量高达 $56\%\sim63\%$（平均为 59.5%）、脂肪 13%、灰分 7%、糖类 3.1%，蛋白质含量可与最好的进口秘鲁鱼粉相媲美，是豆饼的 1.3 倍、骨肉粉的 1.9 倍。蝇蛆粉中含有的抗菌肽具有广谱抗细菌、抗真菌、抗病毒的作用。

7 鱼有卵生和胎生

胎生鱼儿斑斓色，月光剑尾黑玛丽，
热带淡水小体型，易养美观惹人喜。
卵胎生体内受精，胎儿卵黄维生命，
哺乳动物乃胎生，胎儿生命依母亲。
体内受精衍共性，取之营养加区分。

注释：

"月光、剑尾、黑玛丽"在诗歌中只是作为卵胎生鱼的代表，除此之外，常见的卵胎生鱼还有孔雀鱼、珍珠玛丽、帆鳍玛丽、三色、食蚊、鹤嘴鱼等。

8 鱼须乃是感应器

鲇鲤嘴角长胡须，胡须味蕾辨食物，
浑浊水中当舌用，替眼寻物妙哉功。
鲶鱼味蕾十来万，全身布满感应器，
寻找食物凭感知，浑水摸鱼有绝技。

注释：

　　须是某些鱼类长在嘴边的触觉器官，其上有许多感受器，感受器会将感觉通过神经传给大脑，用来帮助鱼类在水中寻找到食物，鲶鱼、鲤、绯鲵鳍、盲鳗、鲟鱼、斑马鱼和一些鲨鱼都有须，鲶鱼拥有大约 10 万个感受器，分布在全身各处，对食物极为敏感。

9 锦鲤鲫鱼有无胃

锦鲤鲫鱼没有胃，饲料照吃无所谓，
肠子消化能力强，无胃不得胃溃疡。
无胃两菌不可少，乳酸杆菌和枯草，
饲料转化助消化，定植肠道少用药。

注释：

　　圆口纲，全头亚纲的银鲛，真骨鱼类中的鲤科鱼类、鳗鲶、海鲫、海龙科、翻车鱼、飞鱼科、隆头鱼科均无胃。

　　"枯草"即枯草芽孢杆菌。

10 鳝鱼雌雄如何辨

鳝的一生性逆转，小雌大雄性自换，

先做母亲后当爹，老夫少妻一身担。

吃鳝就吃大公鳝，小鳝留着去繁衍，

常吃鳝可补血气，药用治痔和斜眼。

🐟 注释：

黄鳝繁殖季节在 6—8 月，其个体具有雌雄同体的特性：从胚胎期到初次性成熟都是雌性（即体长在 35 cm 以下的个体）；产卵后卵巢逐渐变为精巢，体长在 36～48 cm 时，部分性逆转，长度在 53 cm 以上者多为雄性。

11 慈母鱼与孝子鱼

大马哈鱼慈善母，日夜守苗待孵出，

幼苗天性食娘肉，母亲献身留骸骨。

乌鳢产仔眼失明，母亲觅食无处寻，

幼苗钻进母亲嘴，孝子献身留美名。

渔夫钓上蛇头鱼，千百宝宝结伴随，

双鳍搏命搭救母，催人泪下投放生。

鱼儿母爱真伟大，世上只有妈妈好，

乌鳢回馈感母恩，儿女感恩尽孝道。

🐟 注释：

乌鳢，又称蛇头鱼、黑鱼、才鱼、乌鱼、乌棒、生鱼，属鲈形目，攀鲈亚目。据民间之说，微山湖的乌鳢产卵后会双目失明、无法觅食、只能挨饿，孵化出的鱼苗天生灵性，不忍母亲饿死，纷纷主动游进母鱼的嘴供其充饥，但未经科学考证。另外，雌性罗非鱼是将受精卵含在嘴中孵化，刚孵化出的鱼苗也是含在母鱼的嘴中，鱼苗从母亲嘴中进出不能视为鱼苗供母鱼充饥。

12 鳑鲏育子寻代孵

鳑鲏又称屎光皮，色泽鲜艳真美丽，
水质清澈自繁衍，污染水质无踪迹。
鳑鲏育子寻代孵，雌雄结伴去托付，
精卵产进蚌鳃腔，受精孵化待苗出。
巧借河蚌呼吸氧，逃避天敌免卵伤，
暖床提升成活率，养育之恩感河蚌。
河蚌付出当补偿，卵黏鳑鲏体表上，
随波逐流洒四方，共生谋求子安康。

注释：

鳑鲏为鲤科鱼类小型观赏鱼，杂食性。曾作为观赏鱼出口至欧洲和日本，是我国很有价值的原生小型观赏鱼。关于鳑鲏与河蚌的共生共存关系，现在看来已不复存在，因水质的恶化，在养殖池塘或其他水域几乎很少甚至再也见不到鳑鲏的身影，但河蚌在这些水域仍能照常繁衍，可见它们间的共生共存关系并不是唯一和绝对的。

13 罗非鱼卵口中孵

罗非鱼卵口中孵，口腔增氧水吞吐，
恰似一只孵化桶，三至五天苗孵出。
渔民打起一雌鱼，地上翻滚吐苗出，
雌鱼祈求放苗仔，无怨无悔送道菜。

注释：

罗非鱼性成熟早，产卵周期短，成熟雄鱼具有"挖窝"的习性，成熟雌鱼进窝配对，产出卵子并立刻将其含于口腔，受精卵在雌鱼口腔内发育，水温 25～30 ℃时 3～5 天即可孵出幼鱼，幼鱼发育至卵黄囊消失并具有一定游动能力时离开母体。

14 世上一鱼最难死

世上一鱼最难死，非洲肺鱼熬酷暑，
四十二度钻滩土，分泌黏液保湿度。
肺鱼远古大海生，地理变迁入沙漠，
干枯洞穴四年寿，唯有天敌掏窝人。

注释：

　　肺鱼除以鳃呼吸外，还能以鳔代肺呼吸，使其能在离水后直接呼吸空气。在非洲的旱季，肺鱼会钻进湿泥中，制造小洞蜷缩起来，为了防止干掉，皮肤会分泌特殊黏液裹住全身，形成防水层，只留一个小孔呼吸，利用自己的肌肉与脂肪维持生命。

15 繁殖能力谁最强

弗氏假鳃鳉，一日当一年，
破卵至生殖，芳龄十四日。
天开一扇窗，繁衍抢季雨，
水洼随旱干，胚胎眠泥土。
下季雨来临，生命重唤醒，
自然适者存，鳃鳉当敬佩。

注释：

　　非洲有一种寿命短暂的鱼——弗氏假鳃鳉。它们生活在由季节性降雨形成的临时水坑中，因此它们必须以极快的速度生长和繁殖，赶在水坑干涸之前产下鱼卵，鱼卵产下后，约14～15天就能达到性成熟并产卵，这意味着它们从出生到繁殖出下一代的时间还不到1个月。

16 食人鱼儿很凶残

食人鱼儿狼族性，锯齿利牙绞肉机，
螃蟹瞬间无踪影，群而攻之很残忍。
食人之说可考证，亚马孙河葬泳人，
秘鲁儿童河失足，捞起仅剩白净骨。

注释：

食人鱼别称水虎鱼、食人鲳、淡水鲳、比拉鱼。因长有锋利的牙齿，
会成群攻击大型动物，食人鱼成为臭名昭著的动物之一。食人鱼长有与众
不同的三角形牙齿，咬力惊人，能够轻易将猎物撕碎，进食时，会将猎物
吃得干干净净，只留下一堆白骨。

17 河鲀生吃食人鱼

河鲀又称气鼓鱼，胃中鼓气为防御，
立刺恐吓来犯者，犯者当心神经毒。
神经毒素耐高温，烹调不当食中毒，
食材取之纯肌肉，生吃鱼片无须煮。
河鲀鱼儿更凶残，食人鱼儿盘中餐，
虾蟹小鱼当小菜，石斑鱼儿也无奈。

注释：

俗话说："大鱼吃小鱼，小鱼吃虾，虾吃沙。"曾有河鲀吞食小食人鱼
的视频播出，可以假设，食人鱼与河鲀在体型相当的情况下，也许食人鱼
会吃掉河鲀，而在食物充足的情况下，两鱼可能会和平相处。另有视频中
看到一条石斑鱼捕到一条体型较小的河鲀，并企图吃掉它，这时河鲀立即
鼓气，无论石斑鱼如何撕咬，都无可奈何，到了嘴里的肉只好放弃。

18　螃蟹到底有无肠

螃蟹有四称，横行介士曰，
无肠公子道，古人呼别名。
实为蟹有肠，连接于胃囊，
下端连肛门，黑色隆起状。
搬开蟹的脐，肠子埋脐里，
只要细端详，肠子伸脐肛。

注释：

　　螃蟹，又称横行介士、无肠公子，出自晋代葛洪所著的《抱朴子·登涉》。古人给蟹取"四名"，"以其横行，则曰螃蟹；以其行声，则曰郭索；以其外骨，则曰介士；以其内空，则曰无肠"。

19　河蟹断腿再重生

河蟹繁殖在河口，溞状幼体海水游，
五次蜕皮大眼幼，迁游故里幼成熟。
河蟹相煎何太急，掉足断腿时常见，
待到下次蜕壳后，断腿再生新肢添。

注释：

　　螃蟹具有断肢再生的能力。当螃蟹遇到危险时，本能的断肢，随后，在断口上会产生一些分生细胞并不断分裂、分化，逐渐长出新的肢体，但一般新肢要比旧肢小一些，与遗传肢体有差异。

20 干塘白鹭来捡漏

一群白鹭空中盘，谁家打鱼在干塘，
定有漏鱼隐淤泥，有福同享进大餐。

🐟 注释：

　　白鹭居高临下，飞起后可鸟瞰方圆几十千米的范围内是否在干塘打鱼。渔农打鱼后，还有很多小鱼小虾藏在淤泥中，白鹭会地毯式地在泥中搜索，吃得个满腹饱饱方归巢而去。

21 大家一起猜鱼谜

蛙呱鲵泣颡鱼咯，三生（声）有幸，
妾鱼银鱼刁子鱼，一清（青）二白。

🐟 注释：

　　青蛙呱呱地叫、大鲵（娃娃鱼）会发出似婴儿的哭声、黄颡鱼在被人钓起时会发出咯咯的叫声，故三种水生动物都能发出叫声。现在城市中的小孩，除能见到黄颡鱼外，一般很少亲耳听到青蛙、大鲵的叫声。

22 钓鱼也有小窍门

三月三，鲤上滩。春钓滩，流钓湾。
夏钓阴，钓早晚。气温高，夏钓深。
秋钓潭，趁黄昏。全天候，满河湾。
冬钓阳，晌午头。霜隆隆，入休眠。
鱼诱饵，挂蚯蚓。愿上钩，好那口。

注释：

"夏钓深"是指夏天池塘上层水温高，鱼会待在水体中下层水温相对较低的地方，所以，在夏天垂钓，鱼钩要放到较深处或沉到底处。

23 弯弓拽起大鱼鲩

手掌几尺小鱼杆，鱼钩鱼饵一线穿，
甩出静观浮漂坠，弯弓拽起大鱼鲩。

注释：

草鱼的俗称有：鲩、鲩鱼、油鲩、草鲩、白鲩等。

第二节 海洋生物趣味

1 海参避险先弃肠

大连刺参，美味佳珍。海参奇妙，天敌很少。
唯碰螃蟹，弃肠而别。再过数天，新肠再添。
人工养殖，成本很低。海参吃藻，吸盘横扫。
人放天养，无须饵料。人工药饵，加工起泡。
五月春分，水温刚升。礁藻不长，海参饥肠。
低温培藻，很是必要。低温益菌，病菌抑存。
六月夏眠，渔民清闲。九月摄食，个体增殖。
十月潜捞，事先除草。出水过吊，买卖现钞。
潮来潮往，旧水排放。丰收喜悦，露在眉梢。

注释：

海参在强烈环境胁迫下可将体内内脏几乎全部排出体外，当环境适应后，可在2~3周内重新长出功能完善的内脏器官。

2 鸟贝鲜美好味道

产自海洋吃泥沙，盘中立起小钢炮，
联想食材难启齿，肉质鲜美好味道。

注释：

鸟贝是一种海洋贝类，因其形状酷似鸟喙而得名。鸟贝肉质极其厚密柔嫩，入口淡香鲜甜，是地球上营养价值最高的海洋生物之一。

$\it 3$　加州鲈鱼有无鳔

加州鲈鱼没有鳔，无鳔怎把平衡保？
扩腔保脏降水压，功能样样不可少。
尽管鲈鱼鳔无形，取而代之隔膜层，
器官进化多样性，照样起到鳔功能。

注释：

　　鲈鱼是没有鱼鳔的，只用一层膜隔成的中空体腔来代替。

$\it 4$　养殖买卖溯源头

多宝鱼，八万吨，中国产量占九成。
辽宁省，占五成，养殖基地在兴城。
多宝鱼，科学管，从苗到卖可溯源。
谁售苗，谁卖料，出售产地可扫描。
二维码，鳃壳打，乱用禁药属违法。

注释：

　　目前，我国在某些高档鱼，如多宝鱼（学名：大菱鲆）的销售上建立起了质量追踪体系，如种苗来源、饲料来源、用药来源、产地来源等可追踪溯源，该体系的建立，为水产品的食品安全提供了责任保障。

5 金枪鱼称海底鸡

金枪鱼身纺锤体，肌肉强健月尾鳍，
游泳时速赛过豹，停止游泳会窒息。
张嘴狂游昼夜行，过鳃吸氧靠撞击，
跨洋环游数千里，大海是家无边际。
日夜兼程耗体能，来者不拒杂食性，
乌贼蟹鳗是佳肴，虾等动物当充饥。
金枪鱼肉多药效，保肝护肝是膳药，
低脂肪且低热能，女性健美好食品。
动脉硬化保健品，降低体内胆固醇，
金枪鱼油来补脑，预防老年痴呆症。
肉质富含维生素，B_{12}助铁好吸收，
经常食用补充铁，预防缺铁防贫血。
金枪鱼称海底鸡，深海游弋红肉肌，
营养价值极其高，生鱼片中堪第一。

注释：

　　2018 年 7 月，一则关于金枪鱼的视频在网上热传，在日本一家海洋馆，一条金枪鱼游得极快，因没有看清楚透明的玻璃，头直接撞在玻璃上当场死亡，鲜血染红玻璃缸。可见，这类鱼的性情很急，游动迅速。

6 石斑鱼鳗狩猎行

海中礁石满珊瑚，引来食鱼狩猎物，
小鱼小虾稍不慎，暗藏杀机丢性命。
鱼为利益共阴谋，石斑游来频摇头，
海鳗领悟礁洞捣，吓坏小鱼四散逃。
守株待兔石斑鱼，浑水摸鱼鳗回报，
鱼有智商揭谜底，世间生灵真奇妙。

注释：

石斑鱼与鳗协调狩猎的行为在海礁被抓拍，表明水生动物有较高的智商，石斑鱼以频摇身体的方式请求鳗出洞，而鳗则心领神会，它们之间是否还有语言交流？世间真是奇妙。

7 电鳗放电得当心

电鳗电能体两侧，片肌电池层层叠，
串联头尾高电压，器官绝缘不伤身。
电鳗放电多功能，瞬间高压鱼击晕，
鳄鱼张嘴嘴发抖，捕食防预避撞头。

注释：

电鳗尾部两侧的肌肉由规则排列的 6 000～10 000 枚肌肉薄片组成，每枚肌肉薄片就像一个小电池，能产生 0.15 V 的电压，近万个"小电池"串联起来，就可产生高达 300～800 V 的电压，故电鳗有"水中高压线"之称。

8 鳗苗买卖要赶早

鳗白苗，要赶早，

一月金，二月银，

三月四月如铁钉。

当年鳗，当年销，

最经济，节劳耗，

越冬成鳗成本高。

🐟 注释：

　　无论是鳗苗的销售还是养殖，季节性都很强，如若进 3—4 月的鳗苗，到年底达不到成鳗规格，需要转到第 2 年，必定会增加生产成本。

9 雄性海马好丈夫

海马保护列二级，珍稀动物难养殖，

生殖方式特有趣，雄性甘当代孕妇。

雌鱼卵产雄鱼腹，育囊受精把苗孵，

一年繁育两三代，父亲孵卵苗孵出。

海马男人更青睐，消炎镇静止平喘，

补肾壮阳舒筋络，古今中外名药材。

🐟 注释：

　　每年的 5—8 月是海马的繁殖期，这期间，雌海马把卵产在雄海马腹部的育儿袋中，雄海马负责给这些卵受精，卵经雄海马 50～60 天的孵化，幼苗就会从雄海马育儿袋中出生。

10　荧光乌贼景连天

海面繁星灿，乌贼荧光闪，

幽蓝景连天，照亮富山湾。

荧光闪射源，乌贼基因造，

氧镁酶催化，器官冷光耀。

荧光幽蓝色，海水成绝配，

身披隐身衣，诱食避天敌。

每年产卵季，渔民打鱼忙，

夜幕降临时，满网萤火燃。

雌鱼忙产卵，念珠一串串，

悲壮慈善母，雌鱼死成片。

雌鱼产卵死，文鱼鳗如此，

究竟何成因，科学待揭谜。

注释：

"富山湾"指日本富山湾，"酶"指荧光酶，"文鱼"指三文鱼。乌贼具有复杂的表皮发光器和眼球发光器，主要位于外套膜、头、眼、腕等部位，以眼部和下空腔部最为明亮。

11 石鱼守职美名传

石头鱼产汉江里，古今闻名堪佳品，
体貌丑陋带毒刺，活像一块大怪石。
传说天空被捅破，女娲娘娘泪水落，
泪水洒落变彩石，用于补天恰逢时。
娘娘补天一时疏，一粒彩石掉大海，
破天终于被补好，小石海中在等待。
一等上下几千年，石头修炼已成精，
五彩斑斓更美丽，忠坚职守传美名。
石头鱼毒毒首倨，沸水锅里去排毒，
剥皮去胆煲鱼汤，不食怎知鲜嫩爽。

注释：

石头鱼属毒鲉科，学名玫瑰毒鲉，因其鳍棘又尖又硬，末端露出，具有很强的毒性，且全身分布有不规则皮突，像玫瑰一样长有刺，故而名之。石头鱼分布范围广，产于菲律宾、印度、日本和澳大利亚，我国内产于台湾、上海、浙江、江苏、广东、广西、海南。

12　章鱼初夜自掘墓

章鱼智力出神奇，足球胜负先觉知，
三个脑袋九颗心，变色伪装避天敌。
一生盼来繁殖期，性腺成熟埋杀机，
露水夫妻最悲凄，先死丈夫后死妻。
雄性交配玩自宫，阳具断失雌鱼体，
郁郁寡欢丢了魂，绝食魂归大海里。
雌鱼卵产石缝间，盘踞卵石守苗出，
百般折腾为自残，苗出撒手随夫去。

注释：

雌性章鱼产卵 1 周后，不仅拒绝觅食和进食，还开始有明显的自毁行为。到孵化晚期，会撕裂自己的皮肤、吃掉自己触手的尖部，魔鬼般地伤害自己。雌性章鱼的这种"程序化死亡"可能是大自然阻止章鱼母亲吃掉自己后代的一种方式。现代科学发现，这种自杀行为可能与一种激素有关。

13　翻车鱼它最懒惰

不会游泳也称鱼，翻车鱼儿最懒惰，
随波逐流无定所，侧着身子肚皮露。
大海处处藏杀机，懒鱼最易受攻击，
束手就擒坐待毙，天缺一副长鱼鳍。
古往今来续繁衍，每次产卵三亿枚，
无私奉献求生存，弱者不会被杀绝。

注释：

翻车鱼又称翻车鲀、曼波鱼、头鱼，广泛分布在热带、亚热带海域。翻车鱼生殖能力超强，产卵量可达 3 亿枚，但成活率很低，一生艰难坎坷。翻车鱼常被海狮和海鸥攻击、捕食，甚至被海狮、海豹当作玩具撕咬。

14 为何带鱼无鲜活

渔港带鱼一筐筐，市售之前速冷藏，
为何不卖生猛鲜，活鱼岂不更赚钱？
带鱼生活在深海，器官对压特敏感，
打起鱼儿压聚降，鱼鳔爆裂致死亡。
冷冻保鲜味不变，烹烧带鱼味道鲜，
非要吃上鲜活鱼，加压舱里去饲养。

注释：

带鱼是生活在海洋40～50米处的鱼类，体内压强和海水中的压强相当。带鱼被捕捞上来时，由于外界空气的压强要比带鱼体内小得多，一下子承受不了这种压力而使鱼体内部产生致命的伤害，如鳔的突然膨胀破裂而迅速死亡。

15 泉虾高温不怕烫

加勒比海火山泉，沸水高达四百五，
无眼白虾泉口居，不畏白灼巧避险。
高温蛋白不变性？酶促反应照进行？
DNA遗传解螺旋？破解谜团益匪浅。

注释：

因地壳运动，海底深处的海水被炽热的岩浆煮沸后，和矿物质一起喷出，形成热泉，并与周围的生物共同构成热泉生态系统。耐高温的细菌靠热能和喷出的矿物质构成了食物链的最底端，热泉附近的虾与细菌形成共生关系，虾把细菌存储在自己的肚子里，细菌为虾制造营养食物，作为交换，虾必须冲进滚烫的热泉中，因为虾太多，所以虽然有被煮成虾汤的危险，但是为给肚子里的细菌找食物，也是为自己，它们义无反顾向里冲。

16 当之无愧老寿星

格林兰鲨最长寿，百岁之后性成熟，
五百年迈老年期，漫长鱼生五世纪。
格林兰鲨卵胎生，一雌产下十头苗，
低温水域代谢慢，长寿基因藏奥妙。
格林兰鲨肉有毒，食后生成三甲胺，
昏昏沉沉似醉酒，鱼肉风干毒素除。

注释：

　　2017 年底，丹麦科学家在北大西洋发现了一条身长 5.5 m 的格林兰鲨，按照放射性碳纪年法计算，其年龄应该在 512 岁左右，换句话说，这条鲨鱼出生时达·芬奇（1519 年逝世）还没去世。

17 海洋鱼类丑八怪

海洋鱼类千千万，怪鱼爆料吸眼球，
狼鳝丑陋大水怪，洞中伸出老人头。
螃蟹长出鱼扇尾，枯枝步足鲶鱼嘴，
胡须海魔獠牙露，长角牛鱼似螃蟹。
垂钓鱼儿像蜗牛，比目鱼儿似鸡头，
锯腹脂鲤大眼瞪，小猪章鱼刘海分。
面目狰狞剑射鱼，水滴鱼儿瘪嘴哭，
罕见鲨鱼独眼龙，更有甚者不知呼。

注释：

　　按照海洋鱼类物种分类，可分为三个纲，即圆口纲（已知 2 目、3 科、14 属、60 余种）、软骨鱼纲（已知 12 目、40 科、130 属、650 余种）、硬骨鱼纲（已知 420 科、3 800 余属，12 000 余种），由于环境的变化，有些鱼因基因突变长得已是面目全非。

18 喷火鱼儿真离奇

印度洋里小奇鱼，口喷焰火一丈距，
水火相容离了谱，喷火奥秘已披露。
特异功能聚集磷，遇到敌害磷外喷，
一碰溶氧磷自燃，犯者扭头忙逃生。

🐟 注释：

印度洋里有一种喷火鱼，体长只有20 cm左右，它能从食物中摄取含磷有机物并不断地贮存于体内，一旦遇到敌害便喷出聚合磷达3 m多远，磷遇氧燃烧，吓得敌害落荒而逃。

19 哪种鱼儿最聪明

鱼类智者猪齿鱼，珊瑚礁边寻食物，
鳍掀泥沙嘴撬石，拾得蛤蜊返石屋。
蛤蜊贝壳厚而实，身披金甲为御敌，
猪鱼欲食蛤蜊肉，破壳尚须用心计。
摆身甩嘴抛蛤蜊，撞击礁石破壳出，
巧用工具获美食，海洋精灵猪齿鱼。

🐟 注释：

邵氏猪齿鱼主要栖息在珊瑚礁处，是海底的大力士，常用头部推动或用嘴撬开海底岩块，搜出藏在岩块下的甲壳类、贝类，用其犬齿咬破甲壳，美食一餐。人们在海底发现，猪齿鱼能巧借礁石砸破蛤蜊贝壳，获取食物，这使得人类对鱼的智商有了新的认知。

20　狙击能手射水鱼

射水鱼类高智商，没有工具使水枪，
喜欢捕食小昆虫，口喷水柱一米长。
准确打靶击蝇蚊，枝叶水上个个准，
虫儿坠水魂未定，一张大口化为泥。

注释：

　　草叶、草秆或水面上的蚊虫、苍蝇、蜘蛛、蝴蝶、蛾子、蜜蜂等小昆虫，都是射水鱼喜爱捕食的对象。射水鱼的捕食方式是用其舌头抵住口腔顶部的一个特殊凹槽形成管道，当鳃盖突然合上时，一道强劲的水柱就会沿着管道被推向前方，水柱射程可达 1 m 多远。射水鱼的这种射水技能是射水鱼后天不断学习和训练的结果，这为人们对鱼儿的记忆和思考能力提供了新的认知。"鱼儿的记忆只有七秒钟"的说法是没有科学依据的。

21　水母进食不知饱

撑开好似一把伞，收起好似彗星闪，
水母繁殖水螅体，无性繁殖千千万。
水母真是没有脑，日夜进食不知饱，
没有呼吸内循环，主要食物吞海藻。
水母貌似温而美，带毒另类避招惹，
强食弱者小杂鱼，唯恐天敌怕海龟。

注释：

　　水母以浮游动植物为食，大型水母也以小型鱼类为食。水母没有脑、呼吸器官和循环系统，只有原始的消化器官，在获得食物之后，立即在肠腔内消化吸收并排出残渣。在海洋动物食物链中，海龟是它们的天敌之一。

第三节　水生生物的食用、药用功能

麻骨楞子健骨身

小杂鱼，很有趣，
人不放，从天降，
不喂食，不愁吃。
麻骨楞，圆滚滚，
用油炸，香喷喷，
最天然，最纯真，
补钙质，健骨身。

注释：

　　小杂鱼的食料来源主要是水体中的浮游动植物，诗中"从天降"是夸张的说法。小杂鱼的繁殖能力和生存能力都很强，在干塘后，可在淤泥中藏身，其卵可由别的水域抽水引入。麻骨楞的学名为麦穗鱼，因其个小贪吃，喜欢闹窝，是一种令许多钓鱼爱好者头疼的小杂鱼。

2　多吃龙虾好处多

龙虾营养价值高，麻辣虾球好味道，
提高人体免疫力，补肾壮阳抗衰老。
神经衰弱有疗效，只要不是尿酸高，
爱者海吃不发胖，女人多吃更苗条。
虾体富含虾青素，降低血糖抗氧化，
虾儿细胞无癌变，鲨鱼无瘤属谬误。

注释：

虾的营养价值非常高，可以提高人体的免疫力，具有补肾壮阳、抗衰老的作用，可提高人的性功能，也可用来治疗神经衰弱等疾病，虾含有大量的 B 族维生素，并富含锌、碘、硒等微量元素，所含的热量非常低，脂肪的含量也很低，故吃虾不会导致长胖。目前，还未发现虾类患肿瘤，不少学者试图建立虾的细胞系，但至今也未成功。另外，鲨鱼会患肿瘤，传播很广的鲨鱼无瘤的观点是错误的。

3　淡水海参白鲢鳙

白鲢鳙鱼吃天食，人工饲料不偏吃，
浮游动植是主粮，人放天养苍天赐。
鲢鳙食源似海参，鳙鱼头肥嫩鲜美，
有机食品纯天然，淡水海参非虚名。

注释：

鲢鳙是滤食性鱼类，鲢以吃浮游植物为主，以吃浮游动物为次；鳙以浮游动物为主食，如小蚊虫、轮虫、桡足类和枝角类等。鲢鳙在食性上与海参相似，故著者把鲢鳙称作"淡水海参"。

4 鲤鱼健脾润乌发

眼似珍珠鳞似金，肉质鲜美可入药，

多吃鲤鱼润乌发，滋补健脾助利尿。

注释：

鲤的蛋白质含量高，人体消化吸收率可达 96％，并含有丰富的人体必需氨基酸、矿物质、维生素 A 和维生素 D 等。鲤的脂肪多为不饱和脂肪酸，能最大限度地降低胆固醇，可以防治动脉硬化、冠心病。

5 螃蟹性熟红白膏

螃蟹两只眼，旋转观四方。

无头胸合一，构成躯干体。

一对螯足钳，取食抗御敌。

步足四只对，横行八条腿。

腹部有腹脐，雌雄各有异。

尖脐属雄性，雌性乃团脐。

雌性熟卵巢，俗称为红膏。

雄性精巢熟，俗称为白膏。

螃蟹肉质鲜，精卵好味道。

老少皆嘴馋，直呼红白膏。

注释：

螃蟹属十足目、腹胚亚目、短尾下目，有 4 对步足，1 对螯。帝王蟹又名石蟹或岩蟹，属十足目、腹胚亚目、异尾下目、石蟹总科，有 3 对步足，1 对螯，不是真正的螃蟹，与寄居蟹总科同属异尾下目。

6 鱼鳔入药好食材

鱼鳔胶原蛋白高，膳食滋补可入药，
治疮疖风湿腰痛，产后腹痛与血崩。
恶性肿瘤肺结核，皮肤破裂百日咳，
胃肠溃疡心脏病，障碍贫血呕沥血。
支气管炎肾结石，月经不调与自蒂，
鱼鳔制成黄鱼胶，妇女护肤食滋阴。

🐟 **注释：**

　　鱼鳔富含胶原蛋白，这是一种生物小分子，易于吸收利用，能促进生长发育、增强抗病能力，起到延缓衰老和抵御癌症的效能。医学研究发现，鱼鳔含有丰富的维生素和多种微量元素，其中维生素 A 含量超过其他鱼类产品，对美容、补钙都很有好处。

7 不是鱼子都能吃

鱼子富，维生素，蛋白质，脑磷脂。
核黄素，胆固醇，钙铁磷，矿物质。
做膳药，多功效，防眼疾，治气脚。
润乌发，滋骨髓，防佝偻，健大脑。
鱼子酱，品味鲜，富营养，当养颜。
河豚鱼，子剧毒，当食材，招祸来。
鲶鱼子，也具毒，食腹泻，多呕吐。

🐟 **注释：**

　　鱼子中富含维生素 A、维生素 D 和 B 族维生素，维生素 A 可以治疗眼疾，B 族维生素是人体必不可少的营养素，可治疗脚气，维生素 D 可防止佝偻病。因鱼子富含胆固醇，老年人少吃为宜。

8 鱼鳞能治鼻血流

鱼鳞蛋白富营养，钙硫量高多磷脂，
鱼鳞熬成胶体状，药效追溯本草纲。
紫癜不用把药买，妇女疑难崩漏带，
还治齿龈鼻出血，祖传秘方中药材。

注释：

　　鱼鳞含有丰富的蛋白质、脂肪、维生素和矿物质，其中，较多的卵磷脂有增强大脑记忆、延缓细胞衰老的作用，钙、磷的含量也很高。

9 鱼皮养颜润肌肤

南梁药书载，大唐作贡品，
鱼皮养胃肺，味甘咸性平。
鱼皮黏多糖，抗癌乃天然，
胶原蛋白富，养颜润肌肤。

注释：

　　南梁《名医别录》将鱼皮作为药物收载，据《新唐书》记载，鱼皮被当作贡品。鱼皮富含胶原蛋白及黏多糖成分，医学研究发现，鱼皮中的白细胞素-亮氨酸有抗癌作用。

10　鱼头健脑抗衰老

鱼头富，卵磷脂，硫胺素，钙铁磷。

健大脑，缓衰老，补五脏，滋养颜。

富含硒，脂肪酸，核黄素，维素 D。

开胃口，强性欲，降血脂，抗肿瘤。

🐟 注释：

　　鱼油主要集中在鱼头，鱼油中富含二十二碳六烯酸（DHA）和二十碳五烯酸（EPA），这两种不饱和脂肪酸对清理和软化血管、降低血脂以及健脑都有好处。

11　生津消渴鱼之涎

鱼表黏液俗称涎，表皮分泌体表黏，

黏液富含化合物，多种功能可实现。

减少鱼游水阻力，酸碱平衡换气体，

调节渗透排毒素，防病抗病增免疫。

鱼涎方可去入药，中药大典有记载，

生津消渴内服丸，滋阴润燥乃功效。

🐟 注释：

　　不同鱼类的鱼涎成分有所区别，但主要含有黏多糖和透明质酸。鲮鱼涎是一种中药材，为鲇科动物皮肤分泌的黏液，具有滋阴润燥之功效，常用于治疗消渴、小儿疳渴。透明质酸是一种高分子聚合物，透明质分子能携带 500 倍以上的水分，具有很强的保湿性能，广泛用于保养品和化妆品中。

12 鱼油用来降血脂

鱼油脂肪含量低，欧米伽 3 含量高，
调节血脂抗炎症，陆地动植含量稀。
DHA 保育婴儿脑，EPA 能把血脂调，
预防血压高不下，降低心脏病突发。
欧米伽 3 海鱼高，淡水鱼类含量少，
深海鱼油保健品，多吃鱼比吃肉好。

注释：

Omega-3 多不饱和脂肪酸（Omega-3 发音为欧米伽 3）是人体生长和发育所必需的物质，主要成分为 α-亚麻酸、二十碳五烯酸（EPA）、二十二碳六烯酸（DHA），常见于深海鱼类和某些植物中。

13 食胆明目切当心

世人皆知鱼胆苦，哪些鱼胆食无毒？
鳗鳢鲶鳝与真鲷，黄颡鱼儿石斑鱼。
毒胆之鱼团头鲂，草青鲍鱼赤眼鳟，
鲫鲢鳙鲮翘嘴鲌，分类同属鲤鱼科。
毒胆含有氢氰酸，高温烹煮毒难清，
损伤肝肾毒神经，食胆明目切当心。

注释：

"草青"是指草鱼、青鱼。

鱼胆的胆汁内含有氢氰酸、组胺及胆汁毒素，其中氢氰酸的毒性比同剂量砒霜的毒性还大，无论生吞、煮熟或泡酒，其毒性成分都不会被破坏。

香港食物安全中心提示：鲤科鱼类，包括草鱼、青鱼、花鲢、鲤、鲫、鲮鱼等的鱼胆含有有毒物，切勿进食有毒鱼胆。

第二章　水质调控养殖技术

DIERZHANG SHUIZHI TIAOKONG YANGZHI JISHU

　　本章分为两节，第一节水质调控有 14 首诗歌，第二节养殖技术有 21 首。养鱼人都知道"水好鱼好"，我国的科技工作者早已把养好鱼高度概括为八个字："水种饵密混轮防管"，这"八字"把水放在了首位，由此可见好的水质对养好鱼的重要性。那么，什么样的水质是好水，其基本要求是水体中氨氮、亚硝酸盐、硫化氢、溶解氧、有机磷、重金属离子、二氧化碳的含量以及 pH 值、透明度等都在一个合理的区间，不会造成鱼的中毒和应激反应。而一旦水质变坏，包括毒藻的暴发，就要通过化学或生物的手段来调控水质，以期达到预防鱼病诱发、鱼中毒和控制鱼泛塘的目的。

　　围绕这些问题，在本章中，著者用 35 首诗歌基本概括了养鱼调水改水的各个方面。如何培藻、控制毒藻、增氧、水质检测与调控以达到养鱼水体的正常指标，渔药的规范使用等，诗中均给出了科学合理且行之有效的方法和措施。诗歌通俗易懂、易记，每首都是一个小故事或小窍门，且加有注释，渔农一旦掌握好这些基本原理和使用要领，将会对减少鱼病的发生裨益匪浅。

第一节　水质调控

╱ 磷铵施肥有诀窍

磷肥碳铵洒鱼池，提供藻类碳氮磷，

水生动植依藻生，鲢鳙有了活饵食。

氮肥磷肥分别施，先施磷肥后施氮，

氮磷同施产毒性，生成无效偏磷酸。

大江大湖大水库，化肥饲料水源污，

人畜生态大于天，绿水青山金银山。

池塘培藻新模式，氨基酸来取代之，

同时泼洒良种藻，鲢鳙岂能饿肚子。

注释：

2013年9月7日，习近平在哈萨克斯坦纳扎尔巴耶夫大学回答学生问题时指出："建设生态文明是关系人们福祉、关系民族未来的大计。我们既要绿水青山，也要金山银山。宁要绿水青山，不要金山银山，而且绿水青山就是金山银山。"为我国的生态环境可持续发展指明了方向。

钾磷肥碳铵可以促进水藻的生长，为鱼类提供饲料，但是这个度要控制好，磷肥过多会造成藻类疯长，引起水体富营养化，会耗尽水体氧气，造成水生动物死亡。一般氮磷钾肥的使用比例为 2∶2∶1，每亩*（水深1 m时）用量为5.0 kg。

目前，各地政府已把养殖水域滩涂功能划分为"三区"，即禁止养殖区、限制养殖区和养殖区，在禁止养殖区、限制养殖区范围内已禁止投放化肥和饲料。

---

* 亩为非法定计量单位，15亩＝1公顷。

② 水体解毒两办法

水体毒素有多种，亚盐氨氮属其中，

外加硫氢重金属，毒素不除鱼命送。

有毒必须调水质，两种办法可实施，

化学解毒来得快，生物解毒管多时。

生物解毒益生菌，有机果酸腐殖酸，

化学解毒来得快，氧化还原会反弹。

注释：

高铁酸钾氧化反应：

$$4K_2FeO_4 + 10H_2O = 4Fe(OH)_3 \downarrow + 8KOH + 3O_2 \uparrow$$

硫代硫酸钠还原反应：

$$Na_2S_2O_3 + 2H^+ = S \downarrow + SO_2 \uparrow + H_2O + 2Na^+$$

"亚盐"是指亚硝酸盐。同化学药物一样，生物硝化菌和反硝化菌也是通过氧化反应和还原反应来消除亚硝酸盐，尽管消除亚硝酸盐的速度要比化学药物来得慢些，但持续的时间要比化学药物更持久些。

氨氮（NH_3-N）对鱼类毒性很大，浓度超过 1 mg/L 时会对鱼类造成危害，不同鱼类对氨氮的耐受性有所差异。水体氨氮超标会抑制鱼虾自身氨的排泄，使血液和组织中氨的浓度升高，降低血液载氧能力，血液中 CO_2 的浓度也会升高。

重金属包括铅、铜、锌、汞、银、金、镍、镉、铬、锰、钴等。当水体中重金属的含量达到一定浓度时，就会造成鱼中毒。其作用的方式是，重金属离子与鱼鳃分泌的黏液形成蛋白复合物，充塞鱼的鳃部和体表，阻碍鳃部组织与水的直接接触和气体交换，导致鱼因缺氧而窒息死亡。

3　什么水质鱼无忧

什么水色是爽水？什么水质鱼无忧？
手臂伸水观手指，水深见度一英尺*，
看水带点油绿色，嫩爽不过就如此。
pH 6.5～8.5，氨氮低于 0.2，
亚盐低于 0.1，溶氧达到 4～10。
悬浮物质 10 以下，水中没有病因诱，
这种水质鱼无忧，鱼在水中乐畅游。

🐟 注释：

　　亚硝酸盐对水产动物具有较强的毒性，是诱发鱼病的重要因素之一。鱼是通过鳃主动吸收亚硝酸盐而进入体内，亚硝酸盐能与血液中的携氧蛋白结合而使其丧失携氧功能，造成鱼类的缺氧并发症。当水体亚硝酸盐的浓度超过 0.1 mg/L 时，鱼的代谢器官功能失常，体力及抵抗能力减弱，易于引起鱼暴发性死亡。

　　水体中悬浮物质不得超过 10 mg/L，否则会造成鱼的堵鳃和缺氧。

4　水质检测判病因

水质检测试剂盒，水质好坏一杆秤，
鱼病防控有依据，处方用药定抉择。
氨氮硝盐硫化氢，pH 溶氧有机磷，
偏离常值鱼病犯，自测自当土医生。

🐟 注释：

　　水质恶化是引发鱼病的重要因素，水体中氨氮、亚硝酸盐、溶解氧的检测要常态化，其结果是判断水质好坏并指导水质调控、鱼病合理用药最重要的手段。

---

* 英尺为非法定计量单位，1 英尺＝30.48 厘米。

5　三至四月当培藻

三月中旬水温低，有意培藻藻不起，
水中溶氧显不足，鱼儿浮头难呼吸。
应急措施要跟上，早晚观塘勤增氧，
免疫调理病早防，等待春暖好时光。
四月来时温度起，藻源藻肥同时施，
黑殖酸加解毒灵，一般毒素可清理。
若要管得时效长，芽孢菌加改底王，
氨氮亚盐可把控，解毒供氧定改善。

注释：

　　温度和光照强度是影响藻类生长生殖的主要因素。根据藻类的生长地点和温度差异可分为 3 种类型：①冷水性种，生长和生殖最适水温小于 4 ℃；②温水性种，生长和生殖最适水温为 4～20 ℃；③暖水性种，生长和生殖最适水温大于 20 ℃。尽管藻类生长生殖条件对水温的要求不高，但对淡水藻而言，大量生长以调节水质和供鲢、鳙的食用，最适水温为 20～30 ℃。

　　藻源是指良种藻产品。藻肥是指"培藻素"和"大自然肥水宝"两个产品。解毒灵是指"池塘解毒灵"产品。芽孢菌包括枯草芽孢杆菌、地衣芽孢杆菌、凝结芽孢杆菌等，用法为泼洒于水体。改底王是指由复合菌制备的产品，用于改底。

6 五招能解硫化氢

水体毒素硫化氢，浓度超标要鱼命，

一旦闻到鸡蛋臭，便知来源和起因。

解毒五招不耽误，pH 调至八点五，

全池泼洒双氧水，硫酸亚铁也解毒。

四选解毒爽水宝，解毒迅速效果好，

长效改底经常用，管住硫氢不再冒。

 注释：

　　硫化氢是一种剧毒的可溶性气体，在水体中源自厌氧微生物的还原作用及含硫有机物的腐败分解。当水体中硫化氢浓度大于或等于 0.5 mg/L 时，可使鱼急性中毒死亡。硫化氢通过附着于鱼的黏膜和鳃而进入鱼组织，与组织中的钠离子生成硫化钠，它能抑制生物氧化酶的生物活性，造成组织缺氧而引起鱼的麻痹和窒息死亡。除此之外，硫化氢对鱼的皮肤和鳃丝黏膜具有很强的刺激和腐蚀作用，可使组织凝血坏死，造成鱼的呼吸困难，甚至大量死亡。

　　上调 pH 值，使用过氧化氢（双氧水）、硫酸亚铁、解毒爽水宝、长效改底王都有降解硫化氢的作用。

7　氨氮亚盐生化调

水质监测要常态，氨氮亚盐很古怪，
一旦蹿升不可控，鱼病发作受其害。
硝化细菌降亚盐，化学急控亚盐消，
降氨降氮爽水宝，多施长效改底王。

注释：

　　"亚盐"是指亚硝酸盐，"生化调"是指采用生物和化学的方法来调节水质。"亚盐消""爽水宝""长效改底王"为消除氨氮、亚硝酸盐的产品。

　　硝化作用是指在有氧条件下，氨和有机氮化物，经亚硝酸细菌和硝酸细菌的氧化作用转化为硝酸的过程。硝化过程分为两个阶段，第一阶段为亚硝化作用，即铵根离子（NH_4^+）和有机氮化物被氧化为亚硝酸根离子（NO_2^-）的过程；第二阶段为硝化作用，即亚硝酸根离子（NO_2^-）被氧化为硝酸根离子（NO_3^-）的过程。

　　反硝化作用是指反硝化细菌通过还原作用将硝酸盐转化为氮气（N_2）或一氧化二氮（N_2O）的过程。在酸性和氧浓度高的条件下，产物以一氧化二氮（N_2O）为主；在中性至弱碱性的厌氧环境中，产物则以氮气（N_2）为主。

8　酸碱超了不长膘

pH值，七中性，　　　　黑殖酸，降氨氮，
酸碱超，不长膘。　　　　缓冲强，用时长。
若要中，法四种。　　　　有渠灌，水时换，
pH低，生石灰，　　　　水通透，鱼儿欢。
pH高，乳酸素。

注释：

　　鱼对酸碱度（pH值）具有较宽的适应范围，但pH值以7.0～8.5为宜，当pH<5.0或pH>9.5时，会对鱼的生长不利，甚至会造成鱼的发病或死亡。在氨氮、亚硝酸盐不可控的情况下，需要通过逐步换水解决。

9 黑水源自隐藻起

黑水造成两诱因，草屑粪便堆池底，
氨氮居高隐藻起，色素见光当如此。
草鱼喂草水易老，发现黑水停用草，
黑水改色培硅藻，消除氨氮水变好。

 注释：

　　黑水形成的原因有两种：一种是由于大量草屑和鱼的粪便在池水里堆积，导致有机质过多，水体老化，常见于多年未清淤的老塘或沤过肥的池塘；另一种常见于淤泥较深、氨氮含量较高的水域，因隐藻的大量繁殖而引起，隐藻富含叶绿素a、叶绿素c和β-胡萝卜素，对可见光有很强的吸附能力，其水近看显红褐色，远看显黑色。

10 蓝藻失衡要鱼命

蓝藻疯长水失衡，释放毒素要鱼命，
硫酸铜与双氧水，二者能把蓝藻清。
杀藻之后要解毒，必须中和有毒素，
解毒灵和益生菌，稳定水质可持续。
预防使用蓝禁灵，调节水质偏酸性，
乳酸杆菌多泼洒，兼养白鲢藻平衡。

注释：

　　硫酸铜溶液中的铜离子与水体中病原体内的蛋白质结合生成络合物，使蛋白质变性、沉淀，使酶失去活性，故对蓝藻有消杀作用。双氧水有杀菌和增氧作用，也会对水体中藻类起消杀作用。蓝禁灵为一种生物发酵产品，可打破蓝藻的生长生理平衡，刻意剥夺蓝藻生长养分，达到控制蓝藻的目的。另外，青虾对硫酸铜敏感，应禁用。

11　控制氮磷防毒藻

蓝藻金藻和甲藻，水质恶化密度高，
若是防范不得力，毒性发作鱼难保。
蓝藻猖獗终一死，释放羟氨硫化氢，
毒死禽畜大至牛，戕害鱼虾毒无比。
金藻代表小三毛，毒性取决藻多少，
每升浓度三万时，鱼儿中毒逃不掉。
甲藻过量红水漂，鱼吃甲藻食不消，
甲藻死亡产毒素，毒素杀鱼不用刀。
控制毒藻降磷氮，芽孢杆菌夺氮源，
pH 降至六点五，乳酸杆菌去辅助。
只要毒藻不达量，邪不压正毒藻控，
一旦蓝藻水上漂，点杀用药硫酸铜。

注释：

　　藻类分为蓝藻门、硅藻门、绿藻门、金藻门等，每个门类的藻对鱼的利用和调节水质都有价值，水产上利用价值最高的要数硅藻门和绿藻门。几乎所有的藻类都要进行光合作用产生氧，为鱼提供氧源；同时硅藻门以及绿藻门的小球藻是很多鱼的天然饵料。所谓的毒藻，对鱼的毒性完全取决于它在水体中的含量，如有益藻类的生长优势大于有害藻类的话，一般不会引起鱼的死亡。

　　"小三毛"指三毛金藻，三毛金藻耐低温，耐高盐，最适 pH 偏碱，对氨敏感，在秋冬季、水温低、水质瘦时易发生，使用尿素、氮磷复合肥等肥水措施能防治三毛金藻。

12 养好龙虾看水草

小龙虾，食性杂，虾安好，看水草。
虾栖息，当隐蔽，灯笼草，伊乐藻。
眼子草，金鱼藻，水浮萍，水花生。
凤眼莲，喜菹草，草吸肥，净化水。
草供氧，虾舒畅，水草肥，营养丰。
虾吃草，用料少，草吃光，虾上岸。
草腐败，病害来，水消毒，防病毒。
添饲料，虾不跑，补钙质，蜕壳易。
调水质，抗应激，虾草经，农受益。

注释：

伊乐藻俗称吃不败，是小龙虾养殖中最重要的水草。伊乐藻原产于美洲，是一种优质、速生、高产的沉水植物，且营养丰富。伊乐藻的适应能力极强，只要水上无冰即可栽培，气温在5℃以上即可生长，在寒冷的冬季能以营养体越冬，当苦草、轮叶黑藻尚未发芽时，该草已大量生长。待9月水温下降后，枯萎植株茎部又开始萌生新根，开始新一轮生长旺季，故称吃不败。虾农通常冬栽吃不败，开春兼栽苦草、黑藻以满足小龙虾对植物营养的需求。

13　螃蟹最爱吃苴草

中华蟹，杂食性，蟹安好，取决草。
蟹栖息，当隐蔽，有苴草，有黑藻。
黄丝草，吃不败，眼子草，金鱼藻。
凤眼莲，水浮莲，蟹喜爱，春苴草。
夏秋季，吃黑藻，草吸肥，净化水。
草供氧，蟹舒畅，水草肥，蟹苗壮。
蟹吃草，用料少，螺虾鱼，蟹滋补。
草腐败，病害来，水消毒，防病毒。
添饲料，蟹不跑，补钙质，蜕壳易。
调水质，抗应激，蟹草经，农受益。

注释：

　　苴草又叫虾藻、虾草、麦黄草。秋季发芽，冬春生长，4—5月开花结果，夏季6月后逐渐衰退腐烂。螃蟹喜爱吃苴草，往往要兼栽吃不败等其他植物品种以满足螃蟹在不同季节对水草的需求。

14　好料净水籽粒苋

籽粒苋，生来贱，种域宽，耐旱碱。
牧草料，蛋白高，畜禽鱼，适口好。
皂角苷，免疫添，黄烷酮，药消炎。
鱼虾蟹，乐苋草，节饲料，护肠道。
苋酵素，菌为主，投水域，清浊污。

注释：

　　谨以本诗送给在中国大面积推广应用籽粒苋的践行者杨涛先生。
　　籽粒苋蛋白质含量高达18.8%～21.8%，由于口感极佳，可用于畜、禽、鱼的搭配饲料；又因籽粒苋中含有多酚类等物质，故具有医药保健功能。苋酵素是草料经益生菌发酵而成，用于湖泊治理时具有明显的清水效果。

第二节　养殖技术

⁄　养鱼八字要记牢

水种饵，密混轮防管。

八字经，养鱼堪经典。

水字首，水好鱼无忧。

种苗壮，带毒不投放。

饵料鲜，防范菌霉染。

密度中，水质好调控。

混合养，藻类不疯长。

轮着养，效益齐增长。

防为主，鱼病先防预。

管要勤，养鱼事竟成。

 注释：

　　"养鱼八字经"是我国水产科技工作者在全面总结池塘高产养殖经验的基础上，对成鱼饲养综合技术措施的高度概括，是水产养殖取得高产的重要法宝。

② 二十四节养鱼经

立春前后要清塘，暴露池底见太阳，
石灰杀死寄生虫，病菌杂鱼一扫光。
雨水之后新水进，依据鱼类定水深，
螃蟹养殖种苲草，龙虾养殖伊乐藻。
惊蛰时节联系苗，鱼的口粮早备料，
渔药铺货销售商，鱼料渔药店开张。
春分时节苗下塘，运输避免机械伤，
下苗之前盐水浴，防止霉菌皮感染。
清明前后虫害控，阿维菌素敌百虫，
溴氰菊酯辛硫磷，生物防控猫头鹰。
低温时节培水藻，绿藻硅藻小球藻，
鳙鱼白鲢天然料，首选低温培藻膏。
谷雨之前防病毒，龙虾白斑综合征，
草鱼出血病毒病，病毒用药先免疫。
立夏小满龙虾节，益生菌把病菌抑，
乳酸蒜素多泼洒，长效益菌改池底。
芒种之时控水质，氨氮亚盐硫化氢，
亚盐升高亚盐消，降氨降硫解毒灵。
夏至鱼病潜伏期，各种疾病待诱因，
赤皮烂鳃肠炎病，纳米道夫修正液。
小暑鱼病时发生，打印红头竖鳞病，
疖疮白皮和烂鳍，磺胺氟苯尼考医。
大暑鱼病高峰期，鲢鳙细菌败血症，
几乎全年可流行，杀菌杀虫调水质。

立秋之前防蓝藻，防预蓝藻磷超标，
点杀蓝藻硫酸铜，虾蟹用铜要慎重。

处暑前后亚盐高，长效改底很重要，
偷死改底解底毒，急控使用亚盐消。

白露时节变温季，重点防治病毒病，
虾求提前早防预，病毒嵌合添免疫。

秋分时节气温降，病毒疾病在减轻，
细菌病害反而增，重在防治综合征。

寒露时节收获季，螃蟹脚痒菊花开，
卵巢精巢已丰满，男女老少皆喜爱。

霜降时节渔民闲，闲时当防水霉病，
防治水霉菌必清，低温芽孢抑霉生。

立冬时节气温凉，渔民在家已隐身，
鱼儿进入冬眠状，龙虾早已洞中藏。

小雪大雪打鱼季，渔民天天观行情，
赚多赚少不能亏，来年养鱼铆足劲。

冬至卖鱼好价格，传统习俗腌腊鱼，
家家户户窗外挂，比比谁家有他富。

小寒大寒忙过年，渔农哪有时空闲，
念的都是养鱼经，来年如何更赚钱。

注释：

　　猫头鹰 K - MTS 是一种自培抑杀寄生虫的生物制剂。病毒嵌合是指一种虾病毒嵌合素产品，该产品具有抑制病毒和提高虾非特异性免疫功能。解毒灵是指池塘解毒灵产品。

　　二十四节气

　　立春：公历 2 月 3—5 日交节。雨水：公历 2 月 18—20 日交节。惊蛰：公历 3 月 5—7 日交节。春分：公历 3 月 20—21 日交节。清明：公历 4 月 4—6 日交节。谷雨：公历 4 月 19—21 日交节。

　　立夏：公历 5 月 5—7 日交节。小满：公历 5 月 20—22 日交节。芒种：公历6月5—7日交节。夏至：公历6月21—22日交节。小暑：公历7月6—8日交节。大暑：公历7月22—24日交节。

立秋：公历8月7—9日交节。处暑：公历8月22—24日交节。白露：公历9月7—9日交节。秋分：公历9月22—24日交节。寒露：公历10月8—9日交节。霜降：公历10月23—24日交节。

立冬：公历11月7—8日交节。小雪：公历11月22—23日交节。大雪：公历12月6—8日交节。冬至：公历12月21—23日交节。小寒：公历1月5—7日交节。大寒：公历1月20—21日交节。

3　依水选好益生菌

益生菌类多品种，乳酸菌啤酒酵母，
芽孢杆菌一大类，光合细菌另家族。
硝化菌反硝化菌，放线菌粪链球菌，
双歧杆菌蛭弧菌，南北水质定类群。
菌剂施用择时机，幼苗开食食转换，
快速生长变温季，发病之前先防范。
活菌含量要达标，每克三亿不能少，
光合菌拌沸石粉，EM依糖效果好。
光合细菌晴天施，芽孢杆菌择条件，
亚盐pH偏高效不显，乳酸杆菌补短板。
硝化细菌要求高，pH偏高或偏低，
溶氧低于3以下，亚盐分解效果差。
益菌生长依条件，南北水质有区别，
碳硫硝盐定水质，水质适宜菌茂长。

🐟 注释：

碳硫硝盐是指碳酸盐型、硫化盐型、硝化盐型水质，对于不同类型的水质应选用不同类型的益生菌，以达到最佳效果。我国南北方的水质和气候有很大的差异，如南方的水质软些，北方的水质偏硬，要根据水质和气温使用不同的微生物制剂。

4 石灰消杀有利弊

清塘消杀生石灰，传统养鱼定为规，

杀虫杀菌确有效，不过有功且有非。

海参圈里用石灰，礁石苔藻生存摧，

生态破坏难恢复，海参缺食徒伤悲。

新开鱼池洒石灰，藻难繁殖很难培，

水中溶氧不好控，鳙鲢缺食活遭罪。

保持传统与时进，石消过后有机肥，

绿藻硅藻培藻膏，生物改底控水质。

乳酸菌儿来帮忙，解毒灵派大用场，

只要方案都到位，洒了石灰又何妨？

注释：

　　生石灰化学成分为氧化钙，遇水后生成强碱即氢氧化钙，用于清塘能杀死野杂鱼、水生昆虫和病原微生物，对丝状藻类和某些水生植物的生长有较强的抑制作用。氢氧化钙与水中的二氧化碳反应生成碳酸钙沉淀，能满足水生动物补钙的需求，但在海参养殖、新开鱼池，和低温不利于藻类生长的情况下，为了不影响藻类的生长，可用水产专用杀虫剂和消毒剂来代替。

5　用药也要看时机

池塘用药看天气，阳光明媚最有利，

当日有雨不要施，晴天也要讲时机。

上午下午避阳射，上九下四把药施，

用药及时病早防，莫等拒食悔断肠。

注释：

　　应尽量避免在雨天和晚上施药，晴天无风的上午 11 时前和下午 3 时后是最好的施药时段，此时用药生效快，药效强，用药量小，毒副作用少。全池遍洒药物时，宜选在晴天上午 9—10 时或下午 4—5 时进行，于上风处开始全池遍洒，泼药后再观察 2—3 小时，发现情况及时处理。芽孢杆菌好氧，最好在晴天施。

6　如何节省用药量

大型水面病怎防？如何降低渔药量？

先给鱼儿发号召，划定区域来投料，

习惯之后洗药澡，消毒用药就减少。

按此投喂口服药，投料机旁最有效，

鱼儿争吃不浪费，整个药费大减少。

注释：

　　鱼经驯食后，当听到有人工投饵的声音或饲料机自动投料的声音后，会从不同的方向来取食，此时是消毒、投喂药饵的最佳时机，也可节省药量。

7 用药不当鱼泛塘

打鱼之后先晒塘，消毒杀虫用氯强，
或者使用生石灰，放苗之前先预防。
水体杀虫品多种，根据鱼苗选其中，
有辛硫磷敌百虫，溴氰菊酯硫酸铜。
药品不能乱搭配，劳民伤财又浪费，
敌百虫遇碱性水，生成剧毒敌敌畏。

注释：

　　菊酯类杀虫药在水质清瘦、水温低时，对鲢、鳙、鲫毒性大，如沿池塘边泼洒或稀释倍数较低时，会造成这三种鱼死亡，虾蟹也应禁用。

　　硫酸铜溶液中的铜离子能破坏虫体内的氧化还原酶活性，阻碍虫体的代谢而发挥杀虫作用，青虾对硫酸铜敏感，应禁用。

　　碱性情况下，敌百虫分子会丢掉一个氯化氢分子，导致分子结构的重新排列，生成敌敌畏。

8 鱼要缺氧怎么办

今天天气很反常，鱼浮水面把口张，
立即开启增氧机，危机抛撒氧氧氧。

注释：

　　目前常用的增氧机主要包括四大类型：叶轮式、水车式、喷水式、潜底式。叶轮式增氧机使用最多最广泛，增氧效果也最有效，一台3 000 W功率的增氧机可供3～5亩水面增氧；缺点是噪声大。水车式增氧机优点是能带动池水流动，提高水体溶解氧均衡性；不足是需要几台配合使用。喷水式增氧机主要用于公园、观光鱼池。潜底式主要用于室内硬质池底工厂化养殖。

　　"氧氧氧"为含过碳酸钙的产品，一般养殖户都应常备该类型的产品，以防高温季节临时停电，鱼缺氧泛塘。

9 机械增氧择时机

鱼塘增氧依气候，给鱼输氧活力足，
降低水体有害物，鱼在水中乐畅游。
机械增氧看天气，晴天中午一小时，
水体搅动大循环，减少浮头改水质。
避免晴天傍晚开，增大耗氧莫乱来，
鱼在水中憋闷气，容易浮头受其害。
阴雨藻类光合弱，造氧能力大受挫，
防止浮头莫怠慢，夜间增氧定要做。
阴雨中午莫开机，水流交换耗氧气，
费钱费力不讨好，开机浮头无意义。

注释：

增氧机使用时需做到"六开三不开"。"六开"即：①晴天时午后开机，②阴天时次日清晨开机，③阴雨连绵时半夜开机，④下暴雨时上半夜开机，⑤温差大时及时开机，⑥特殊情况下随时开机；"三不开"即：①早上日出后不开机，②傍晚不开机，③阴雨天白天不开机。

10 氮氧超标水泡病

氮磷施多水藻茂，水泡病因氮氧超，

小鱼误吞当饲料，组织血液逸气泡。

病鱼体表小水泡，失去平衡歪歪倒，

水花常在水面跳，重症化水不见苗。

体内气泡致气栓，眼突贫血呼吸难，

赤皮烂鳃伴肠炎，最终导致败血亡。

泼洒盐水消气泡，芽孢杆菌把氧耗，

池塘水位再提高，预防治疗效果好。

 注释：

　　气泡病多发于春夏、夏秋季交替时节，尤其是突然闷热天气。气泡病对鱼苗有较大的危害，死亡率一般在 5% 左右，急性可造成鱼苗 100% 死亡。气泡病的特征为：病鱼肠道中有白色气泡，体表、鳍条和鳃丝上附有较多的气泡。患病鱼池使用食盐的用量为每立方米水体 5 g。

　　水体中，并不是溶解氧量越高越好，当水体溶解氧饱和度达 150% 以上、溶解氧达 14.4 mg/L 以上时，易引起鱼类的气泡病。在缺氧的情况下，池塘底部微生物发酵时，会分解释放出细小甲烷、硫化氢气泡，鱼苗误将小气泡当成浮游生物吞入，也会引起气泡病。当水体中的含氮饱和度达到 153%~161% 时，同样会产生气泡病。因此，对鱼池水体溶解氧、氮气、硫化氢、甲烷的动态监测十分重要。

11　防字当头鱼安康

特产养殖技术强，渔民爱怕两迷茫，
若是一朝鱼死光，一年到头白穷忙。
现代科技要跟上，重在病害提前防，
若是发病再泛塘，神仙也难帮上忙。

注释：

鱼类生活在水中，其发病初期不易被发现，一旦发病，若不能得到及时的救治，往往使病情加重，此时病鱼已失去食欲或拒食，即使有特效的药物，也不能达到治疗效果。就外用药物而言，一系列消毒剂只能对水体中的病原微生物或虫害具有消杀作用，但对体内病原微生物起不到任何作用，甚至用药不当还有毒副作用。因此，鱼病要以防为主。

12　病害虫害常见之

细菌感染炎症起，白头白嘴竖鳞病，
烂鳃肠炎肛门红，赤皮打印眼见明。
真菌感染两类型，常见水霉和打粉，
种苗孵化当小心，低温成鱼病流行。
病毒感染流行快，各种鱼类无例外，
痘疮疱疹出血病，以防为主早免疫。
原生动物寄生虫，碘泡球孢小瓜虫，
斜管车轮杯体虫，引起鱼病需防控。

注释：

本诗对鱼的细菌病、病毒病、真菌病、寄生虫病做了一个概括，目前，最难防最难治的要数病毒病，如草鱼出血热病毒病。鱼类的疱疹病毒、虹彩病毒、弹状病毒、杆状病毒、细小病毒等，都是制约鱼类养殖快速、健康发展的屏障。

13 放苗之前先验水

放苗之前先清塘，杀虫消毒习为常，
鱼苗何时能下水，仅凭经验显匆忙。
氯强消毒要查检，余氯伤苗很危险，
农药残留用鱼检，水质安全先试验。
若为水质安全顾，池塘需要去解毒，
解毒灵派大用场，爽水宝它岂能输。

注释：

解毒灵是指池塘解毒灵产品，爽水宝是指解毒爽水宝产品，为解毒剂。

14 黄鳝养殖进网箱

黄鳝鱼儿养水箱，一亩铺上十来床，
床里栽上革命草，鳝鱼依草把身藏。
鳝食饲料拌鱼浆，粪渣积累水变脏，
病原细菌营养汤，鳝鱼疾病要早防。
水体消毒聚维酮，同时消杀寄生虫，
益生菌拌鱼浆喂，肠炎感染病可控。
鱼浆拌料过单一，日复一日鳝厌食，
不吃不喝也不长，渔民此时好焦急。
营养匮乏料理金，鳝鳗富肽助生长，
虫草精华肝宝全，中西合璧鳝安康。

注释：

革命草为空心莲子草的别名。"料理金""鳝鳗富肽""虫草精华""肝宝全"为动保产品。

鳝鱼网箱养殖，水草的好坏是决定养殖成功与否的重要因素之一。黄鳝养殖可以放的水草除革命草外，还包括水花生、油草、水葫芦。水草必须多放，成活后以看不见水为宜，宜多不宜少。

15　虾苗带毒不入市

龙虾养殖新危机，白斑病毒暴发急，
养虾省份皆如此，防不胜防病难医。
种虾脱毒靠科技，虾苗进出要检疫，
带毒虾苗不入市，控制传播农受益。

注释：

白斑病毒的基因检测是采用合成 VP19/VP28 两对基因引物，通过 PCR 扩增电泳检测。

16　龙虾入塘抗应激

消毒杀虫在先行，康有维随莫迟疑，
同时用上氧氧氧，引进龙虾不应激。
为了防治白斑征，虾求制剂用防预，
抗激防病两兼顾，虾苗引进事竟成。

注释：

"康有维"为抗应激产品，"氧氧氧"为增氧产品。

"虾求制剂"为一种免疫调节剂，有助于虾非特异性免疫的提高。其用法是：每 1 kg 虾使用本品 0.3 g，加适量水拌料投喂，连续投喂 3 天，每天 1 次，以后每隔 10～15 天投喂一次，直至上半年流行期（4—6 月）过后为止。

17 引进龙虾按规程

龙虾带毒怎么办? 带毒容易脱毒难,
科学选育 SPF 虾, 解决源头是关键。
种苗销售要检疫, 发现病毒不入市,
把关源头不带毒, 放心大胆去引进。
虾儿旅途精神疲, 相互挤压憋了气,
你咬我来我咬你, 放苗定要抗应激。
应激要用应激药, 康有维可立见效,
还得供氧来补脑, 氧氧氧把脑子保。
口服疫苗在研制, 试验结果满人意,
若是病毒早干预, 定能提高成活率。

 注释:

　　SPF 虾苗是指肌体内无特定病原微生物及寄生虫存在的虾苗,但非特定的微生物和寄生虫是容许存在的。目前,海水虾的种苗一般都可达到 SPF 的要求,但小龙虾由于人工种苗繁育的技术还不成熟,一般都靠野外自然繁育,故种苗带毒会经常遇到,这有待于科技攻关去解决。

18 龙虾养殖春风起

湖北水源自然丰，龙虾养殖刮劲风，
来年稻田成虾池，渔民转产急先锋。
人放天养效益低，规模养殖有效益，
饲料充足不互残，病害防控放第一。
龙虾饲料选品种，防病治病要注重，
医疗口粮有保障，硕大龙虾献渔农。

🐟 **注释：**

2017 年，湖北省小龙虾全社会经济总产值约 850 亿元，其中，养殖业产值约 252.3 亿元，以加工业为主的第二产业产值约 116.4 亿元，以餐饮为主的第三产业产值约 481.2 亿元，分别占小龙虾全产业经济总产值的 29.7%、13.7%、56.6%。

19 高密养虾靠科技

稻田养殖小龙虾，人放天养不管它，
低密低产成过去，高密高产靠新法。
稻田改成水草池，虾儿躲在草床里，
交配有了掩羞处，蜕壳有了修身地。
高密养殖控水质，科学用药防好病，
保证饵料不互残，亩产三百增效益。

🐟 **注释：**

在饲料不充足、养殖密度过大又没有掩体的情况下，小龙虾会自相残杀。著者曾将一尾雄虾和一尾雌虾放在一个盒子内饲养，亲眼见到刚刚交配完的雄虾不顾亲情攻击雌虾，没过几天雌虾消失，仅剩下些粉骨。"亩产三百"是指亩产量达到 300 斤*，目前，稻田养殖小龙虾的亩产量一般为 100～300 斤。

---

* 斤为非法定计量单位，1 斤＝0.5 kg。

20 龙虾防病五月瘟

三月阳春虾出洞，

赶上稻田水质优，

虾儿欢快跳秧歌，

一见人去它就蹦。

四月中到五月中，

气温很快往上冲，

稻田稻桩糜烂快，

五月瘟疫来势汹。

此时当要先消毒，

水体要把病菌除，

虾求制剂增免疫，

生物改底病菌抑。

注释：

　　无论是越冬过后的成虾还是虾苗，在开春龙虾出洞觅食时节，要特别注意加强营养、定时定量喂食和加强后期管理。因为，此时龙虾经过整整一个冬天，其身体内储备的能量早已耗尽，免疫力低下，如不采取措施进行营养加强、病害的早期预防，后期虾处于亚健康状态，容易发病。

21　龙虾养殖一轮回

选好种虾不带病，PCR 检测很先进，
两个小时出结果，白斑病毒显原形。
水草种植有多种，一般两种很实用，
有灯笼草吃不败，虾儿最爱吃灯笼。
三至四月虾苗进，养殖两月快入市，
五月前后赶插秧，剩余虾儿田沟迁。
六至九月高温季，虾在洞中避酷暑，
早晚进出寻食物，虾儿进入壮年期。
交配成功卵抱胸，五百一千卵相拥，
一年产卵有一次，产卵孵化洞穴中。
初秋幼虾从卵出，附着母腹不离去，
洞穴生存防天敌，天然存活有八成。
冬眠一觉不知晓，已是来年早春报，
虾儿出洞饥肠空，投喂饲料要尽早。
四月来时温度起，提早防病莫大意，
水体先要做消毒，白斑病毒靠免疫。
虾田改底很重要，氨氮硝盐控制好，
生物制剂调水质，3D 强钙快蜕壳。
严防瘟疫两个月，四至六月卖虾节，
20 至 30 有一谈，农民丰收好喜悦。
打起虾儿留其种，七至九月亲虾进，
周而复始去繁殖，生生不息成鳌龙。

 注释：

　　"20 至 30 有一谈"是指销售价为 20～30 元/斤。

第三章　水产病害防控

DISANZHANG SHUICHAN BINGHAI FANGKONG

　　本章分为十二节，共127首诗歌，涵盖了鳙鲤鲢，鳜鮰鳊，草鱼青鱼大口鲇；鳟鳝鲫，鲈鳜鳢，泥鳅红鲌和螃蟹；黄颡鱼，罗非鱼，虾子青蛙多宝鱼；金龙鱼，石斑鱼，水蛭海参娃娃鱼，共二十多种水生生物的细菌、真菌和病毒病害的防控技术。这其中，不仅对常见的细菌性烂鳃病、打印病、竖鳞病、疖疮病、赤皮病、肠炎病和常见的病毒病进行了描述，还个性化地对不同鱼类主要病害分别做了发病病因、临床症状、预防与治疗的诗歌描述。由于水产病害防控的专业性强，在选词造句和押韵方面的难度很大，将每种病害的起因、临床症状、解决办法以诗歌的形式表述出来，要做到文字精准，面面俱到，的确难度很大。为了弥补诗歌的局限性，使读者更好地理解诗歌的意思，著者在每首诗歌的注释中对其防治原理和方法都做了进一步叙述，相信读者能理解并从中受益。

第一节　病毒性鱼病

鱼病病毒接疫苗

鱼病难防病毒病，疾病流行最伤神，
谷雨白露病易发，水体消毒菌必清。
病毒疾病接疫苗，传统疫苗效价高，
灭活疫苗更安全，减毒活苗防回变。
工程疫苗三大类，疫苗蛋白亚单位，
刺激机体产免疫，中和病毒增记忆。
DNA 疫苗转质粒，疫苗蛋白体表达，
诱导刺激产免疫，免疫持久保护力。
RNA 干扰即沉默，病毒转录被阻断，
复制子代导流产，用于治疗更期盼。

注释：

　　"最伤神"是指鱼的病毒病难治，是鱼类养殖过程中的难点。我国已有草鱼出血热病毒疫苗获得农业农村部兽药生产批准，已有几种鱼的病毒病基因工程亚单位疫苗进入试验示范。关于 DNA 疫苗安全性的问题：目前国内外研究还未发现有外源质粒 DNA 整合到宿主细胞染色体上的报道。在国外，已有 DNA 疫苗进入临床阶段，加拿大鲑鱼传染性造血组织坏死病毒 DNA 疫苗已获准上市。

2　病毒传播两途径

鱼病病毒追溯源，垂直感染母传婴，

横向传播后天来，纵横传播两途径。

而今科技新趋势，切断横传接疫苗，

垂直传播种选育，病毒防控待新药。

🐟 **注释：**

　　接种疫苗可切断病毒的横向传播，由吴淑勤等研制的草鱼出血热弱毒疫苗，是我国第一个获得兽药证书的鱼用疫苗。运用遗传育种技术，筛选抗逆品系，可以在源头控制病毒的垂直传播，如不带特定病原体的 SPF 虾苗已在虾类养殖行业中广泛使用。

3　诺达病毒宿主宽

诺达病毒宿主宽，海水鱼类皆感染，

仔苗幼苗危害大，提前预防最关键。

病鱼厌食腹朝天，神经破坏水面旋，

腹部肿大鳔充血，表观病变不明显。

此病尚无药物治，消毒鱼池紫外线，

中药选用板蓝根，综合防控避风险。

🐟 **注释：**

　　诺达病毒（NV）会引起鱼类病毒性神经坏死症，导致神经组织空泡化，是一种世界范围内流行的海水鱼类病毒病，主要发生在海水鱼类种苗生产阶段，鱼苗死亡率高达 90％以上，目前有向淡水鱼类蔓延的趋势。

　　紫外线消毒是指观赏鱼池缸或室内苗池的一种消毒方式。

4 淋巴囊肿病毒病

淋巴囊肿病毒病，发病处在高温季，
头尾鳍皮呈念珠，像是水泡肿胀物。
病鱼病灶呈白色，灰色粉红乃有之，
肿胀物熟轻出血，外观难看市不值。
聚维酮碘来消毒，酵母菌素多维素，
连续投喂五七天，稳住病情渡时艰。

注释：

多维素是指多种复合维生素。酵母菌素产品为益生菌群发酵提取物，含有胞壁多糖、干扰诱导因子等，具有增强鱼免疫力的功能。

5 水痘病因尚不明

鱼得水痘病，病因尚未明。
体表长水痘，大的如豌豆。
痘长腹两侧，少数长颌尾。
发病春秋季，大鱼更流行。
鱼有抵抗力，水痘会消失。
痘痘如破裂，发炎致充血。
病鱼不吃食，病入膏肓死。
消毒菌必清，维生素补 E。
水痘病难治，有待药物医。

注释：

鱼水痘病曾被认为是细菌引起的，但不清楚是哪种细菌，尚未定论是细菌还是病毒。症状是体表出现一粒粒小水痘，其大小不一，小的如绿豆，大的如豌豆，通常为圆形或椭圆形，多则十余个，少则 3～5 个。

6 造血器官坏死病

造血器官坏死病，病毒感染引上身，
病鱼游动行动缓，受到刺激极敏感。
体色发黑口淤血，眼珠外突鳃苍白，
腹大鳍基有血充，肛门拖着白粪便。
水温较低流行病，提高水温病可抑，
种苗孵化使这招，抑制病毒效果好。
聚维酮碘浸泡苗，预防道夫修正液，
配合多维拌料喂，健壮苗种不愁销。

注释：

在鱼苗孵化和苗种培育期间，将水温提高到 17～20 ℃，可预防该病毒病的蔓延或发生。"多维"指多种复合维生素产品。

7 痘疮病毒虫为媒

痘疮病是何诱因，鲤疱病毒引上身，
病鱼尾鳍起白点，白色液体上面黏。
病情发展病灶增，脱落之后再重生，
病鱼消瘦行动缓，食欲减退鱼病犯。
病毒传播虫为媒，杀虫选用敌百虫，
消毒用上聚维酮，疫苗预防病可控。

注释：

鲤疱病毒是指鲤疱疹病毒。传播媒介主要有水蛭、鱼鲺和单殖吸虫。

第二节　细菌性疾病

╱ 病菌防控多途径

池塘水质常恶化，病原细菌生变异，
抗生素已无奈何，效果不佳钱白花。
水质调节益生菌，致病细菌受抑制，
病原细菌不达量，鱼病暴发概率低。
细菌病害来势急，抗性细菌当如此，
联合用药抗生素，五至七天一疗程。
嗜水单胞接疫苗，细菌疫苗防变异，
毒苗菌苗二合一，有效防治综合征。

 注释：

　　"毒苗菌苗"是指病毒病与细菌病的混合疫苗。

　　根据《兽药管理条例》和《兽药注册办法》规定，农业部于2006年发布了第750号公告，批准北京卓越海洋生物科技有限公司和中国人民解放军第四军医大学单位申报注册的牙鲆鱼溶藻弧菌、鳗弧菌、迟缓爱德华菌病多联抗独特型抗体疫苗为一类新兽药。核发了《新兽药注册证书》，并发布了该制品制造及检验试行规程、质量标准、标签和说明书。

2　海水淡水弧菌病

海水淡水弧菌病，水温适度大流行，
患病鱼身体发黑，鳃部苍白呈贫血。
体表溃烂有出血，肛门红肿粪白色，
低龄鱼苗易感染，死亡率高莫怠慢。
预防措施有几种，消毒并杀寄生虫，
加强营养增抵抗，养殖密度量适中。
生物防治蛭弧菌，寄生弧菌断生存，
恩诺沙星用治疗，纳米道夫护肠道。

注释：

弧菌主要包括副溶血弧菌、鳗弧菌、灿烂弧菌、溶藻弧菌、哈维氏弧菌等。致病弧菌在增殖和代谢的过程中，会产生大量有害物质，如溶血毒素、肠毒素，造成鱼虾中毒死亡。弧菌最适流行水温为 20～25 ℃。

3　链球菌病新鱼病

链球菌病新鱼病，水温较高大流行，
交叉感染经口传，常与弧菌同发生。
病鱼眼突血珠浑，鳃红肠红腹积水，
肝脆不能硬触摸，水面漂起白死鱼。
预防道夫修正液，发病磺胺氧嘧啶，
勤换水来降密度，七天过后缓病情。

注释：

"磺胺氧嘧啶"是指磺胺间甲氧嘧啶钠粉。用法用量：防治鱼类细菌性疾病，可按每千克鱼体用磺胺间甲氧嘧啶钠粉 100 mg，分两次拌料投喂，连续 3～6 天，首次用量加倍。防治鱼孢子虫病，一次用量为 0.8～1.0 g，拌料投喂，连续 4 天，停药 3 日后再连用 4 天。

热带和亚热带鱼对链球菌感染率较高，病鱼死亡率也较高。链球菌对抗生素的耐药性强，水质的调控、联合用药十分重要。

4 烂鳃又称乌头瘟

黏细菌引烂鳃病，别名又叫乌头瘟，

鳃丝发白边缘缺，鳃盖骨内皮充血。

严重鳃盖腐蚀域，形成圆形透明区，

俗名又叫开天窗，露出透明鳃盖骨。

病鱼不食行动缓，水面浮头呼吸难，

水温越高病易发，各种鱼类皆感染。

预防措施从进苗，消毒药物来浸泡，

尽量避免机械伤，池塘消毒要经常。

患病之后要杀虫，适宜之鱼硫酸铜，

抗生素类控制快，生物制剂长管控。

注释：

"适宜之鱼"是指对硫酸铜不敏感的鱼类，敏感的鱼、虾类要慎用，杀虫药通常还有敌百虫、菊酯类、辛硫磷、阿维菌素等，但都要考虑到鱼、虾、蟹等水生动物的敏感性和安全性。

治疗：用 0.2 mg/L 二氧化氯或 0.3 mg/L 溴氯海因全池泼洒；每 40 kg 饲料用恩诺沙星 100 g，拌料连续投喂 3～5 天。

5　细菌腹水来势汹

溶血出血腹水病，气单胞菌是病因，
淡水鱼类皆感染，贯穿整年病流行。
病鱼颌口鳃血充，体表出血病加重，
眼珠突出肛红肿，腹大积水色黄红。
此病来势很凶猛，死亡率高最严重，
若是发展成重症，任何药物无力控。
杀虫消毒都必要，种苗预防疫苗泡，
发现病情早用药，纳米道夫起辅效。

注释：

　　疫苗是指由中国水产科学研究院珠江水产研究所鱼病室研制的嗜水气单胞菌疫苗。气单胞菌类包括嗜水气单胞菌、温和气单胞菌、豚鼠气单胞菌、鲁克氏耶尔氏菌等。对于溶血出血腹水病的治疗，目前主要还是使用抗生素。

6　蛀鳍烂尾伴水霉

气单胞菌引烂尾，尾鳍腐烂成残缺，
酷似一把白扫帚，烂尾朝天招招手。
此病常年均发生，高温季节易流行，
大鱼小鱼皆感染，常常伴随水霉病。
捕捞避免机械伤，虫害咬伤同遭殃，
乳酸蒜素来泼洒，恩诺沙星用急控。

注释：

　　恩诺沙星属于广效性抑菌剂，对于革兰氏阳性菌、阴性菌及霉形菌具有抑菌作用，用于水产弧菌症、大肠杆菌症等疾病的控制。

7 荧光单胞腐败病

出血性的腐败病，荧光假单胞菌引，

鱼体受伤菌易侵，溶氧低下是诱因。

病鱼行缓反应迟，食欲不振体不支，

离群独游于水面，当年鱼苗三老病。

体表出血炎症起，两侧鳞片易脱离，

背鳍尾鳍基充血，鳍部烂掉称蛀鳍。

不分鱼种不分季，水温适宜病菌起，

伴随烂鳃肠炎病，水霉并发病告急。

预防措施增溶氧，避免鱼体机械伤，

降低密度是主措，改善水质是关键。

治疗先要做消毒，菌必清二氧化氯，

氟苯尼考拌料喂，鱼体止血鳍拒腐。

注释：

荧光假单胞菌属假单胞菌属，是化能异养型的革兰氏阴性菌，能分泌黄绿色荧光素发出荧光，其释放的内毒素会对鱼造成危害。除机械损伤外，冻伤或被寄生虫寄生都可使病菌乘虚而入，引起发病。"三老病"通常是指细菌性肠炎病、烂鳃病、赤皮病（主要由荧光假单胞菌引起），是草鱼的三大主要病害。

治疗：除使用菌必清和二氧化氯而外，消毒通常还使用溴氯海因，每 1 t 水体一次用量为 0.2～0.3 g，疾病流行季节，全池泼洒，15 天一次。内服用氟苯尼考粉，用法用量：每千克鱼体重 10～15 mg，拌料投喂，一天一次，连续 3～5 天。

8　烂鳃病鱼难呼吸

鱼病诊断先看鳃，鳃部可能有虫害，
也是细菌滋生地，引发疾病不奇怪。
鳃是鱼的呼吸器，细菌烂鳃难呼吸，
鱼儿缺氧致窒息，赶紧使用消毒剂。
联合用药抗生素，三至五天一疗程，
多微益菌多泼洒，水好鳃好畅呼吸。

注释：

鳃是鱼的呼吸器官，同时具有滤食和排泄功能。鳃组织的病变将造成氨氮的排泄受阻，血液中氨氮含量升高，会影响到鱼体内渗透压的调节机能。

9　维系肠道益生菌

鱼的肠道多功能，消化吸收排尿粪，
病原细菌阻隔离，肠道具有免疫力。
一旦病菌急剧增，鱼虾免疫难抗争，
通常导致肠胃炎，严重造成败血症。
鱼虾肠道需要调，多维益菌很重要，
定植肠道阻隔离，拮抗因子病菌抑。

注释：

鱼肠道具有消化吸收营养的功能，同时也具有免疫功能，其免疫系统由淋巴小结、游离淋巴组织、浆细胞及黏膜上皮内淋巴细胞组成，能够阻止病原微生物进入肠道，对肠道起着重要的免疫保护作用。此外，肠道菌群在肠道免疫系统发育成熟及行使功能过程中起着十分重要的作用。

10 肠炎又叫烂肠瘟

水气单胞引肠炎，病鱼迟钝行动慢，
独游厌食体发黑，头部尾鳍更明显。
腹部膨大松鳞片，肛门红肿排白便，
后期轻压流黄脓，空肠空胃肠发炎。
四至九月大流行，烂鳃赤皮相伴随，
肠炎又叫烂肠瘟，病情复杂辨真伪。
水质调控很重要，四月消毒尽提早，
纳米道夫解肠毒，酵母菌素护肠道。

 注释：

　　"水气单胞"指嗜水气单胞菌，该菌属弧菌科、气单胞菌属，为革兰氏阴性短杆菌。广泛分布于自然界的各种水体中，是多种水生动物的原发性致病菌，是典型的人—畜—鱼共患病原细菌。嗜水气单胞菌可产生毒性很强的外毒素，如溶血素、组织毒素、坏死毒素、肠毒素和蛋白酶等。该菌为条件致病菌，当环境骤变，水质恶化时，常会与其他菌混合感染使病情加重。由嗜水气单胞菌感染的鱼病一般病势凶猛，多为恶性传染病，死亡率很高。
　　酵母菌素是指口服酵母菌素产品，具有维系肠道和保护肠道的作用。

11 黑死病有传染性

黑死病因还不明，但且具有传染性，
病鱼体黑惧怕光，喜找池塘阴暗藏。
上鳍下鳍不断抖，病重身体发腥臭，
危害热带观赏鱼，七彩神仙最关顾。
买鱼入箱要浸浴，高锰酸钾来消毒，
治疗用药磺胺类，连喂七天鱼康复。

 注释：

　　"七彩神仙最关顾"是指七彩神仙鱼最容易受到感染。

12 洞穴病鱼市不值

洞穴病黏细菌引，病鱼体表有脱鳞，

表皮微红微隆胀，全身局部有溃疡。

溃疡深至肌肉层，波及内脏和骨骼，

酷似洞穴而得名，鳃有血栓难呼吸。

加强营养增抵抗，合理密度增溶氧，

治疗消毒菌必清，庆大霉素疗效灵。

🐟 **注释：**

　　庆大霉素对鱼的黏细菌烂鳃病、洞穴病都有好的疗效，尤其在发病初期使用时，但对于洞穴病而言，一旦严重到鱼身溃烂，就已没有商业价值了。

　　庆大霉素用法用量：每千克鱼体 60～70 mg，一日一次，连续口服用药 3～5 天。

13 溃疡损伤皮至骨

弧菌主导引溃疡，病鱼独自游池塘，

食欲不振拒进食，两只眼睛白眼翻。

溃疡损伤皮至骨，商业价值皆全无，

操作避免机械伤，庆大霉素治溃疡。

🐟 **注释：**

　　常见弧菌包括：哈维氏弧菌，是一种发光的海洋弧菌，虾苗的荧光病原体之一；溶藻弧菌，又称黄弧菌，是一种嗜盐嗜温兼厌氧性海生弧菌；副溶血弧菌，又称嗜盐菌。这些弧菌可用二氧化氯、碘制剂消杀，大蒜液也具有很好的杀灭作用，病鱼用硫酸庆大霉素治疗有很好的效果。

　　"白眼翻"是形容病情重。

14 鳞片松开病菌侵

竖鳞病单胞菌引，频繁换水是诱因，
病鱼体表粗而胀，鳞片张开松果状。
严重全身鳞片立，轻压鳞下射体液，
鳍基皮肤有充血，眼突腹大反应迟。
主要危害鲤和鲫，死亡率高莫大意，
庆大链霉用治疗，抗生素治鱼竖鳞。

注释：

竖鳞病病原体为水型点状假单胞菌，属假单胞菌属，是水体中常见的致病菌，当水质污染、鱼体受伤时经皮肤感染。主要危害鲫、鲤、鲢、草鱼，在秋末和春季，水温 17～22 ℃流行。

"庆大链霉"是指庆大霉素和链霉素。庆大霉素的用法用量：每千克鱼体重用 500 万～1 000 万单位，拌料投喂，每天一次，连续 3～6 天。

15 病鱼张鳞像松球

竖鳞病短杆菌引，鲤鲫草金鲢发生，
病鱼鳞片像松球，鳞基水肿积水深。
挤压鳞片水直射，鳍基皮肤有充血，
眼突腹胀相伴随，病程进展很难维。
游动迟缓呼吸难，身体倒转腹上翻，
肝肾出血液满腔，二至三天见阎王。
运输防止表皮伤，消毒之后才放塘，
水体消毒菌必清，链霉菌素转为安。

注释：

链霉素的用法用量：每千克鱼体重用 50～170 mg，拌料投喂，连续 10 天。

16 家鱼疖疮有案例

鱼的疖疮病，细菌来入侵，

肌肉呈隆起，鳞片并无损。

手摸有浮肿，内有脓汁充，

疮周炎症红，鳍条有裂缝。

青草鲤鲢鳙，都在病案中，

磺胺嘧啶服，外用聚维酮。

 注释：

"青草"是指青鱼、草鱼，"聚维酮"是指聚维酮碘。

磺胺嘧啶的作用机理：磺胺嘧啶为 N-2-嘧啶基-4-氨基苯磺酰胺，其分子结构类似对氨基苯甲酸（PABA），可与 PABA 竞争性作用于细菌体内的二氢叶酸合成酶，从而阻止 PABA 作为原料合成细菌所需的叶酸，减少了具有代谢活性的四氢叶酸的量，而后者则是细菌合成嘌呤、胸腺嘧啶核苷和脱氧核糖核酸的必要物质，因此抑制了细菌的生长繁殖。磺胺二甲嘧啶钠是抗菌药，为国家目前正式批准的水产用兽药之一，主要是内服，用于体内抗菌杀菌，对水产养殖动物的常见细菌性疾病有很好的疗效。但黄鳝养殖过程中不能使用磺胺类药物，容易出现药物中毒导致黄鳝死亡。

17 脱鳞常引赤皮病

鱼有赤皮病，多为人为因，
造成机械伤，导致细菌侵。
脱鳞即为赤，充血在鳍基，
体表炎症红，鳃颚也殃及。
此病并发症，烂鳃肠炎病，
出血病伴随，需要综合治。
谨防机械伤，消毒用氯强，
内服抗生素，免疫综合防。

注释：

赤皮病又称出血性腐败病、赤皮瘟、擦皮瘟等，常与肠炎病、烂鳃病同时发生，形成并发症。赤皮病病原体为荧光假单胞菌，属假单胞菌属。该病主要危害草鱼、青鱼、鲤鱼、团头鲂等多种淡水鱼，一年四季都有流行，水温在 $25\sim30$ ℃时为流行盛期。

"氯强"指二氧化氯等消毒剂。

18 白皮好似白癜风

病鱼发病在早前，尾鳍背鳍现白点，

病情病灶再延伸，白色延至后半身。

病情严重尾鳍烂，头朝下来尾朝天，

白皮打粉何区分，打粉病似擦白粉。

白皮病是何病因，白皮极毛杆菌引，

操作避免机械伤，夏花密大当分塘。

治疗先杀寄生虫，消杀使用聚维酮，

治疗使用抗生素，韭菜拌盐是偏方。

 注释：

"聚维酮"是指聚维酮碘。

白皮病是由白皮极毛杆菌感染所引起，打粉病是由真菌感染所引起。受打粉病真菌感染的鱼，起初体表出现白点，继而白点重叠，周身好似穿了一层白衣。

庆大霉素可用于白皮病的治疗，用法用量：每千克鱼体重用 5～10 g，拌料投喂，连续 3～6 天。

第三节　应激、营养缺乏、肝胆综合性疾病

/ 生理紧张鱼应激

诸多因子鱼应激，渔民常见不为奇，
喂食过量也应激，渔翁心中起质疑。
其实道理不复杂，过饱代谢耗氧大，
高温饲料要减少，少吃多餐是诀窍。
用药处置康有维，氧氧氧当相伴随，
鱼儿应激可解除，其他用药是多余。

 注释：

　　应激是由某些应激因子引起的鱼类非特异性、生理性紧张状态的一种现象。应激因子可引起鱼类交感神经的兴奋，使血液中儿茶酚胺-肾上腺素和去甲肾上腺素浓度升高，进而使血液中的皮质固醇激素增高。故应激反应中的鱼类行为异常，食欲下降，生长受抑制，生殖力降低，皮肤渗透性增强，对疾病的抵抗力下降，甚至会出现死亡。

　　引起鱼应激反应的因素：①水体环境的化学因素，主要包括氨氮、亚硝酸盐、甲烷、二氧化碳、硫化氢、pH值、重金属离子、溶解氧、盐度、杀虫剂农药的残留等。②外界的物理因素，主要包括气候变化、水温、气压、鱼的打捞、水的透明度、运输等。③生物因素，主要包括病原微生物、有毒藻类、原生动物、蠕虫、食物营养等。

　　"康有维""氧氧氧"指抗应激、增氧产品。

2　一雷劈下万鱼惊

死鱼表观无异常，解剖才知脊椎断，
四大家鱼遇命案，造成死因当何判。
此症造成多有因，主因归属强应激，
一雷劈下万鱼惊，猛然摆动折断身。
鱼要补充钙和磷，3D强钙补充快，
鱼的扭摆更给力，断骨症可揭谜底。

注释：

　　断骨症通常很少见。目前，还没有证据证明断骨症与疾病相关，但有与雷击相关的报道。当雷击发生后，在强大电流的刺激下，鱼体会发生瞬间的强烈扭曲，以致鱼体脊椎中间受力点位置发生断裂，然后因体内出血和机能瘫痪而死亡。

3　维 K 缺乏血难凝

维 K 缺乏血难凝，皮肌肠胃易出血，
饲料添加不可缺，营养不良鱼犯病。
B_2B_3 缺乏症，鳗皮出血皮肤损，
鲤鱼皮肝易出血，B_5 缺乏加病情。
$B_{11}B_{12}$ 缺乏症，生长低下食不振，
大马哈鱼血障碍，贫血轻则鱼迟钝。
维 C 具有多功能，抗应激防败血症，
促铁吸收解铜毒，调节代谢体平衡。

注释：

　　细菌病、病毒病、应激反应、水质、饲料等多种原因都可造成鱼出血，但维生素的缺乏造成鱼出血不好判断。当饲料不能满足鱼对维生素的需要时，需不定时将复合维生素拌料投喂，养殖高档鱼时更应注意。

4 跑马萎瘪有区分

营养不良鱼得病，体黑头大身子细，
又叫跑马萎瘪症，跑马萎瘪有区分。
跑马乃缺可口食，跑着跑着活累死，
萎瘪乃是缺口粮，饥饿难忍巡塘觅。
解决二者不费事，小吃好来大饱食，
一日三餐按时喂，鱼儿长成肥胖子。

🐟 **注释：**

　　萎瘪症的特征：病鱼体色发黑、消瘦，背似刀刃，两侧肋骨可数，头大，鳃丝苍白，严重贫血，游动无力。跑马症的特征：病鱼围绕池边成群地狂游，呈跑马状，即使驱赶鱼群也不散开。这两种病都与饲料的适口性和鱼的饥饿相关。

5 方向迷失白内障

鱼儿也得白内障，方向不辨瞎乱撞，
食饵难觅甘挨饿，鱼儿不会互帮忙。
引起此病多有因，缺乏镁锰硒铜锌，
维生素 B_2 相关联，饲料添加白障清。
莫忘范例寄生虫，寄生鸟粪排水中，
孵出毛蚴入实螺，发育尾蚴成因果。
复口吸虫白内障，难以治疗需清塘，
清塘消杀生石灰，水池杀螺硫酸铜。

🐟 **注释：**

　　鱼白内障的症状特征：病鱼眼睛中的水晶体浑浊呈乳白色，严重时整个眼睛失明甚至水晶体脱落。复口吸虫白内障一旦发生，难以治疗，因此重在预防，可用生石灰或硫酸铜消杀池中椎实螺，切断传播媒介。

6　肝胆问题多有因

鱼的肝胆综合征，诸多诱因可造成，
细菌病毒和真菌，饥饿缺氧引上身。
营养缺乏在其列，变质饲料难逃责，
水体毒素有多种，杀虫农药最直接。
肝的损伤可移转，保肝护肝转为安，
各种鱼虾宜可用，口服过后肝宝全。

注释：

　　各种诱因都可造成鱼的肝胆综合征，而肝胆综合征又是导致鱼大量死亡的主要病症之一，也是渔民最棘手的问题。鱼肝病重点在于防，用市售中草药制剂保肝护肝能起到一定的治疗效果。

　　"肝宝全"为动保产品。

7　肝大坏死细菌引

肝脏肿大坏死病，链球菌等细菌引，
发病时节夏秋季，腐败饲料成诱因。
病鱼漫游体发黑，眼珠肿大鳃贫血，
体表尾部多隆肿，上面出血肛门红。
预防保证饲料鲜，防止饲料有质变，
保肝护肝中药材，预防为主鱼安全。

注释：

　　除链球菌而外，饲料如发生黄曲霉菌、金黄色葡萄球菌等致病菌的污染，其毒素都可造成鱼的肝脏损伤和发生病变。因此，饲料的生产质量、储藏就显得十分重要。采用纳米道夫修正液产品不仅对鱼、虾肠道病原微生物具有抑制作用，而且对以饲料来源的毒素具有解毒作用。

第四节　四大家鱼鱼病

⁄　白鲢细菌败血症

白鲢细菌败血症，每天死鱼不消停，
杀虫首选辛硫磷，消毒处置菌必清。
抗生素药拌油糠，连续三天药进肚，
调节水质增溶氧，白鲢不死获康复。

注释：

鲢为滤食性鱼类，主要以浮游植物（如硅藻、甲藻）为食，对于一些悬浮于水中的草鱼粪便和投放的鸡粪、牛粪、腐屑类饵料以及酸味的糟食也非常喜欢，但鸡粪、牛粪等要通过益生菌的发酵之后再投放，否则容易造成水体致病菌的污染。当鲢、鳙发病后，任何制剂都可拌油糠（附着性好）投喂。

② 草鱼瘟疫两季节

麦黄白露两季节，草鱼流行出血热，
季节变化体质弱，水质恶化是诱因。
病鱼出血三类型，鳃瓣失血呈白色，
表观不见有病变，肌内出血红肉肌。
红鳍红颌红鳃盖，口腔眼眶渗出血，
体表出血为特征，病毒感染很典型。
三型称之肠炎型，外观病鱼头发黑，
口腔鲜红眼突出，肠道渗血无食物。
腹水糜烂血满腔，肝脾肿大腹红肿，
肝脏脆得似豆腐，病鱼已处垂死中。
外观判断作参考，确诊尚需 PCR 检，
一旦发现病鱼池，先把饲料往低减。
杀虫消毒改水质，氨氮硝盐达常值，
继发感染抗生素，消除炎症缓病情。
此病关键在预防，选好疫苗早免疫，
麦黄白露控流行，谨防肝胆综合征。

🐟 注释：

　　草鱼出血热病毒，简写为 GCHV，是草鱼出血热病毒病的病原体。
　　麦黄白露两季节是气候交替、水温变化的节点，也是草鱼出血热病毒病易暴发的时间节点。在这两个季节到来之前，尤其是当年 2 龄草鱼苗，提前使用疫苗进行预防，对提高草鱼苗的免疫保护率和成活率十分重要。

3 草鲢白头白嘴病

草鲢白头白嘴病，多半黏菌为病因，
头嘴周肤都溃烂，白头白嘴一看明。
病鱼体黑周身瘦，脱离群体岸边游，
白头白嘴发信号，告白渔民快来救。
解救先杀车轮虫，消毒杀菌聚维酮，
抗生素药拌料喂，白嘴复色做美容。

 注释：

　　草鲢白头白嘴病是草鲢夏花养殖阶段常见的一种疾病，对夏花草鱼危害最大。该病 4 月中旬为发病高峰，7 月下旬以后比较少见。该病为接触传播，发病快、来势猛，鱼发病后 2～3 天即死亡，死亡率极高。

　　杀虫处置：敌百虫加硫酸铜加硫酸亚铁称为老三样，全池泼洒。用量：敌百虫（350 g/亩），硫酸铜（350 g/亩），硫酸亚铁（100 g/亩）。消毒处置：二氧化氯或聚维酮碘。内服：硫酸锌霉素加酵母菌素，具有杀菌及提高免疫力的双重功效。

4　家鱼白皮如何治

草鱼鲢鳙白皮病，假单胞菌是病因，
病鱼体表全白色，白皮花腰由来之。
病情进展鳍腐烂，尾鳍残缺扇不关，
黑头白尾极明显，头尾倒悬垂水面。
发病死亡两三天，死亡率高病程短，
预防避免鱼碰伤，虫害损伤同遭殃。
治疗泼洒漂白粉，磺胺药物病断根，
民间配方喂韭菜，白皮消失不再生。

注释：

白皮假单胞菌除感染草鱼鲢鳙之外，还感染加州鲈以及月鳢和青鱼。韭菜中含有硫化合物，具有杀菌、消炎的作用，可对大肠杆菌、绿脓杆菌等病原细菌起到抑制和杀灭作用，故民间就有用韭菜防治白皮病的方法。

5　鲢鳙浮头风向标

鲢鳙浮头风向标，定是缺氧闹闷骚，
气压低时尤如此，及时增氧很必要。
物理方法增氧机，化学方法氧氧氧，
遇到紧急情况时，务必两法全用上。

注释：

在四大家鱼的混养池中，鲢鳙耐低氧的能力差，一旦缺氧，鲢鳙最先浮头呼吸，尤其是在早晚时间段，故称其为"缺氧方向标"。

6 鲢鳙打印盖红章

鲢鳙皮腐打印病，病的根源细菌引，
鱼的体表印红章，像是专卖商标印。
红章表明皮腐烂，重则见骨皮肉穿，
病鱼瘦弱游动缓，一年四季都有患。
打鱼细心拉网伤，发病季节早预防，
发病之初漂白粉，菌必清的能力强。
杀虫药物把虫杀，多微益菌多泼洒，
改底尚需改底王，病灶消失印不打。

 注释：

　　打印病是由嗜水气单胞菌、温和气单胞菌等革兰氏阴性杆菌引起。预防除用生物制剂调节水质外，主要防止鱼体受伤，如夏季经常换水，会使鲢鳙患打印病，而且其他鱼类同样会感染发病。
　　"改底王"是指长效改底王产品，该产品含多种复合益生菌。

7 青鱼败血死亡急

青鱼草鱼貌相似，青鱼肤色深层次，
三角头比草鱼小，草鱼鳞网更清晰。
青鱼细菌败血症，嗜水单胞是祸因，
病鱼眼突肛门红，颌口鳍眼有血充。
肠道出血肠糜烂，肠内黏物有气冲，
肝脾充血或出血，胆囊肿大贫血重。
病菌暴发事有因，老池淤泥粪渣积，
水质恶化没掌控，发病很快死亡急。
水体消毒菌必清，改底王改老池底，
经常泼洒益生菌，黄金多维添免疫。

注释：

"嗜水单胞"是指嗜水气单胞菌。嗜水气单胞菌可以产生毒性很强的外毒素，主要途径是通过肠道感染。能否感染取决于病菌对肠道组织黏附力的强弱，黏附力的强弱又与菌株和鱼的种类有关。当嗜水气单胞菌在肠道组织增殖后，经门动脉循环进入肝脏、肾脏及其他组织，再引起肝脏、肾脏等器官以及血液的病变，继而出现全身症状。

8 草鱼谨防三老病

草鱼三老病，腐败性赤皮，烂鳃与肠炎，都由细菌引。
青鱼二龄瘟，肠炎呼条撕，三老综合征，尚需综合治。
杀虫护肌肤，ClO_2 去消毒，纳米道夫服，肠道病菌除。

注释：

草鱼等的赤皮病主要因人为机械伤，由荧光假单胞菌感染所引起；烂鳃主要由真菌、黏细菌感染所引起；肠炎主要由肠型点状产气单胞菌等感染所引起。赤皮、烂鳃和肠炎常形成合并感染，极易造成草鱼苗甚至成鱼的大量死亡。青鱼"肠炎呼条撕"，是指青鱼苗尤其是 2 龄苗一旦发病，条条鱼会死，这是浙江一带渔民无奈的一种表述。ClO_2（二氧化氯）为一种水体消毒剂，按每亩每米水深 200～250 g 使用。

9 草鱼难点综合征

草鱼养殖密度高，七至九月最煎熬，

细菌病毒综合征，束手无策无救药。

赤皮烂鳃肠炎显，黑头暴眼口腔红，

肝脏肿大腔渗血，打起死鱼一桶桶。

综合征要提前防，细菌感染抗生素，

保肝护肝肝宝全，病毒感染早防预。

 注释：

　　2019 年 7—9 月，在江西不同养殖区域，由于草鱼养殖的密度高，普遍发生细菌和病毒病的合并感染，造成草鱼苗和成鱼的大量死亡，后期几乎无药可治。在综合征发病早期的鱼塘可通过抗生素得到控制，但重症鱼塘用药也不理想，这也许与病鱼的取食情况有关，且抗生素对病毒病是没有效果的。

10 草鱼细菌烂肠瘟

草鱼烂肠瘟，气单胞菌引，水质是诱因，伴随综合征。

病鱼体发黑，游动缓慢行，早期食炸群，后期不进食。

病初鳞竖起，腹部肿两侧，红肛稍翻出，挤压血水溢。

后期病加重，胃肠食道红，肠道血水浓，鱼命到此终。

预防益生菌，水体常消毒，泼洒强氯精，氟苯尼考服。

注释：

　　草鱼肠炎病又称烂肠瘟，是由肠型点状气单胞菌感染所致，4—9 月常流行，常与细菌性烂鳃病、赤皮病相伴随。

　　治疗：泼洒三氯异氰尿酸（强氯精）0.2～0.5 g/m³；二氧化氯 0.3～0.6 g/m³。

第五节　黄颡鱼鱼病

／ 黄颡鱼苗四道关

黄颡水花时节段，下塘面临四大难。
一过天敌害虫关，追得颡苗四处窜，
虫害不除苗遭殃，人工干预莫迟缓。
二要过那消化关，颡苗肝胆功不全，
吃了轮虫不消化，弄得不好死一半。
肝胆肿大是三关，体内残毒在添乱，
细菌感染引腹水，肚子胀得像棒槌。
四关鱼苗免疫低，易得天窗红头病，
鱼的神经遭破坏，水面打转方向迷。
条条都是鬼门关，道道都是难过坎，
如果养殖不科学，赔苗赔料何以堪。
而今有了新科技，四难变得很容易，
河塘三宝有绝招，红头大肚无踪迹。

注释：

　　"河塘三宝"是指开口料理金、纳米道夫修正液和肝宝全三个产品。开口料理金营养齐全，具有壮苗作用；纳米道夫修正液具有抑制肠道病原微生物的作用，对黄颡鱼红头、腹水病都能起到协防的作用；肝宝全对保肝护肝、改善腹水、促进消化有明显的调理作用。

2 颡鱼水花保肝胆

婴儿出身吸乳汁，颡鱼自带卵黄吃，
产房待有三天余，离开产房进大池。
水花爱吃丰年虫，活虫本来营养丰，
消化不良使其反，合理料理保肝胆。
开口料理营养全，诱生胆汁食转换，
好料壮苗抗病强，标苗二月最赚钱。

🐟 注释：

　　丰年虫又称丰年虾、卤虫、盐水虾。其无节幼体孵化后 1～2 天内，具有大量的卵黄，并含有丰富的蛋白质和脂肪（蛋白质约含 60%、脂肪约含 20%），因此丰年虫是鱼、虾和蟹等幼体和成体极好的饵料。黄颡鱼苗在人工孵化后，其肝脏的发育是在不断完善的过程，因此营养的均衡十分重要，高蛋白、高脂肪都有可能会造成肝脏的负担过重或损伤。

3 黄颡水花两病害

黄颡鱼儿人工繁，想见父母登天难，
自幼抗病就不强，易遭爱德华菌染。
病鱼头上一点红，病原起因车轮虫，
病鱼头上开天窗，死亡极高不好控。
黄颡鱼是栖底鱼，喜欢穿梭在泥淤，
身上无鳞皮易破，病菌趁势机体侵。
防病要打组合拳，杀虫消毒皆具全，
改底保持微生态，纳米道夫用在前。
红头腹水病可控，氟苯尼考都管用，
五至七天一疗程，腹水消失头不红。

🐟 注释：

　　爱德华氏菌宿主范围很广，病菌繁殖温度为 15～42 ℃，最适温度为 31 ℃左右，流行季节为夏季和秋初高温期。

4　黄颡鱼大肚子病

黄颡水花腹水病，嗜水单胞是病因，
爱德华氏菌也侵，氨氮硝盐是诱因。
病苗眼突头微大，腹大腹胀腹水病，
腹腔积水黄褐色，肝胆肿大肝充血。
肠胃充气腹肿胀，后期拌有皮溃烂，
皮鳍头腹偶出血，独游不食致死亡。
水体消毒菌必清，恩诺沙星病菌抑，
保肝护肝肝宝全，道夫预防大肚子。

🐟 注释：

治疗：每50 kg饵料拌用15 g恩诺沙星和50 g酵母菌素，连续喂5天为一疗程。

5　颡鱼烂鳃多有因

黄颡烂鳃多有因，虫咬细菌真菌引，
病鱼体黑独游池，行动迟缓少进食。
鳃丝腐烂黏液多，污物附着呼吸难，
供氧不足张大嘴，烂鳃不治致死亡。
水体消毒菌必清，黄金多维添免疫，
乳酸蒜素常泼洒，鳃好鱼好畅呼吸。

🐟 注释：

该病治疗方法：①外用：每亩每米水深用乳酸蒜素100～200 mL，加适量水稀释后全池均匀泼洒，病情严重时酌情加大用量。②口服：每瓶乳酸蒜素（500 mL）加适量水，可拌80～100 kg饵料，均匀混合，阴凉15分钟后投喂。

6 颡鱼暴血病不明

黄颡暴血病不明，有待科学去论证，

病鱼离群独游池，惊而不动体无力。

鳃盖口鳍重充血，眼突腹大肛门红，

挤压血水肛门溢，肠道充血食物空。

内脏器官病变衰，腹腔积水无力排，

肌肉充血肌肉红，暴发后期病难控。

减食消毒菌必清，黄金多维添免疫，

康有维用抗应激，纳米道夫防暴血。

 注释：

消毒方法：除菌必清而外，还可用二溴海因 0.15～0.20 g/m³（即每亩每米水深用量 100～150 g），每 15 天用药 1 次。

治疗方法：二溴海因 0.30～0.38 g/m³（即每亩每米水深用量 200～250 g）；口服用免疫制剂、复合维生素和抗应激动保产品。

7 颡鱼头上一点红

黄颡头上一点红，爱德华菌露真凶，
病鱼严重头穿孔，盖骨蛀成狭空洞。
脑组露出鳍发红，背部显露微浮肿，
脑部受损体失衡，头上尾下垂水中。
水上打转侧游姿，死亡之后沉水底，
水体消毒菌必清，氟苯尼考两疗程。
爱德华菌染红头，预防先杀车轮虫，
酵母菌素协预防，杀虫预防红头控。

注释：

病因：当池塘水环境突变如倒藻、水体透明度降低，或水质恶化如pH 值降低、氨氮增多、亚硝酸盐偏高、溶解氧低等容易发病。另外，饲料营养不足、刮伤、抢食、机械损伤也可能诱发该病。该病是由爱德华氏菌慢性感染造成，其感染途径是经鼻腔感染嗅觉细胞，再进入大脑，经脑膜感染头骨。

8 颡鱼肠炎何诱因

黄颡细菌肠炎病，气单胞菌是病根，

水质恶化成诱因，病从口入引上身。

病鱼离群岸边游，行动迟缓无食欲，

腹部肿胀有积水，肛门红肿肛突出。

发病早期肠发炎，局部充血黏液多，

后期腹部积血水，病鱼待毙等死亡。

消毒泼洒菌必清，治疗乃用抗生素，

定期使用改底王，预防肠炎用道夫。

 注释：

"气单胞菌"是指点状气单胞菌。"道夫"是指纳米道夫产品，该产品对鱼虾肠炎病菌具有很好的抑制效果，尤其用于预防时。急性治疗需要使用常规抗生素。

预防：用法用量为每200 mL纳米液加5～10 kg清洁水，搅拌均一，再加100 kg饲料，搅拌后投喂，在该病流行季节，每周投喂2～3次。

9 颡鱼烂身何以奈

流行溃疡综合征，水质恶化细菌引，
发病死亡两相高，烂身疫病传染性。
患病黄颡显焦躁，肤色不均体溃烂，
病灶显斑充血状，烂至肌肉无解药。
发病初期鱼进食，肌肉腐烂失食欲，
后期溃疡伴坏死，骨瘦如柴致死亡。
早期预防池消毒，黄金多维增免疫，
乳酸蒜素多泼洒，口服复合抗生素。

🐟 **注释：**

　　治疗方法：先调水，降低亚硝酸盐的含量，后用聚维酮碘消毒2~3次，再用抗生素或免疫制剂；若因感染孢子虫等虫害引发烂身时，应先杀虫后杀菌。该病重在预防，要控制好养殖密度，一旦到了发病后期，抗生素也无能为力。

10 颡鱼身披白棉衣

水霉病因霉菌引，立冬早春低温季，
多因进苗机械伤，虫害叮咬病菌侵。
黄颡鱼染水霉病，身上披上白棉衣，
霉菌分泌蛋白酶，鱼受刺激产黏液。
病鱼焦躁极不安，摩擦固物游池边，
行动迟缓食欲减，肌肉腐烂致死亡。
消毒用药菌必清，纳米道夫抑菌酶，
低温芽孢抑水霉，黄金多维添免疫。

🐟 **注释：**

　　在冬季和开春低水温阶段，泼洒低温EM菌、乳酸蒜素对水霉病具有很好的预防效果。一旦发病，泼洒菌必清消毒，口服乳酸酵素、黄金多维，对提高鱼的免疫力、控制病情能起到很好的效果。

第六节　鳝、鳗、鳅、海参病

1　黄鳝病尸需深埋

黄鳝有种病毒病，头腹全身出血症，
肛门显示有红肿，肝脾肠腔有出血。
这种病毒报道少，未见报道研疫苗，
消毒改水很重要，死鳝应当深埋掉。
预防定期水消毒，乳酸蒜素常泼洒，
口服多微益生菌，预防感染用道夫。

 注释：

　　未见有关这种病毒的理化性质、基因结构与功能、免疫学、流行病学及分子生物学研究的相关报道。目前，只能通过调水改水、消毒、泼洒中草药及免疫制剂来预防，治疗还没有更好的办法。除此而外，纳米道夫修正液产品，对细菌、病毒从肠道感染具有抑阻作用。

2　黄鳝肠炎细菌造

黄鳝肠炎细菌造，病原细菌气单胞，
鳝体发黑腹红肿，食欲减退肛门红。
肠管局部有充血，肠子空空食冇得，
压压腹部流黏液，常见黄红两种色。
水质恶化病成因，饵料变质病发引，
乳酸酵素拌浆喂，恩诺沙星化危机。

 注释：

　　"气单胞"是指气单胞菌。
　　口服纳米道夫修正液、乳酸酵素对黄鳝肠炎病原微生物具有很好的抑制作用。治疗方法：用恩诺沙星拌饵投喂，用量为每100 kg黄鳝用15 g恩诺沙星，每天一次，连用5～7天。

3 黄鳝发烧互缠身

黄鳝有种发烧病，病的起因养殖密，

体表分泌黏液多，细菌有了可乘机。

消耗溶氧放热能，黄鳝缺氧互缠身，

焦躁不安奋挣脱，死亡很高属杂症。

解决方案降密度，迅速用药来消毒，

快速投撒氧氧氧，黄鳝退烧警报除。

🐟 **注释：**

预防：运输前先暂养，勤换水，将黄鳝体表泥沙及肠道内容物除净。气温 23～30 ℃时，每隔 6～8 小时换水一次。每隔 10～15 天泼洒一次乳酸蒜素、池塘解毒灵、多微益生菌，注意控制氨氮的上升。

4 黄鳝发狂肌肉抖

黄鳝发狂病，气温变化因。

病鳝呼吸难，头颈伸水面。

张口肌肉抖，水面箭穿梭。

身躯"S""O"状，发狂打旋转。

黏液易脱落，死亡难逃脱。

运输当小心，放池抗应激，

泼洒康有维，发狂当平息。

🐟 **注释：**

治疗：泼洒"康有维"抗应激，调节水体氨氮、亚硝酸盐达到常值，通过换水等措施病情很快会得到缓解。

5 泥鳅溃疡细菌引

泥鳅溃疡病，气单胞菌引，
病有何其症？用药有下问。
表皮起红斑，胸腹尾两端，
头背侧鳍有，躯体两边走。
病鳅体表红，腹部腹水重，
肛门有红肿，病灶重穿孔。
肝脾肾充血，血点浅红色，
肠子血也充，气体充其中。
该病不可怕，消毒聚维酮，
内服新诺明，疾病可防控。

注释：

"新诺明"是指复方新诺明抗生素。

治疗方法：每千克鱼体每次拌饵投喂复方新诺明 20～30 mg，一日两次，连用 5～7 天。

6 泥鳅肠炎腹胀起

泥鳅肠炎细菌引，气单胞菌是病因，
病鳅体黑食欲退，腹大肛红渗黄液。
肠壁充血呈紫色，肠内食少或有得，
若不及时来施救，病鳅生命难持久。
恩诺沙星拌料服，乳酸蒜素用消毒，
纳米道夫控肠炎，肠炎拉肚不再复。

注释：

外消：菌必清或聚维酮碘交替使用，隔天 1 次，连续 2 次。

内服：通常口服乳酸酵素、纳米道夫修正液能对泥鳅肠炎起到好的预防效果。

7　泥鳅赤鳍不赤皮

小小泥鳅赤裸裸，不穿鳞甲真皮裹，

爱在泥里躲猫猫，一不小心真皮破。

病菌有了可乘机，首当其冲赤鳍病，

胸鳍尾鳍都溃烂，腹部肛门炎症起。

预防避免机械伤，消毒用上聚酮碘，

治疗用药抗生素，药到病除炎症散。

注释：

标题"泥鳅赤鳍不赤皮"：泥鳅为无鳞鱼，所谓赤皮是指脱鳞，既然无鳞就无从赤皮。

"聚酮碘"是指聚维酮碘。

治疗：按照 10 mg/L 的浓度，将四环素与饲料混合投喂 5～7 天。

8　鳗肾炎病何诱因

鳗的肾炎病，疑似病毒因，鳗腹中线凹，肝脏有凸起。

鳃丝呈肥大，淤血暗红肿，病情亦加重，鳃丝棍棒化。

发病秋春季，鳗池用盐浴，黄金多维服，增强免疫力。

注释：

防治方法：升温至 24～26 ℃对此病防治有较大帮助。

9 鳗口张开难闭合

鳗鱼出血开口病，病毒感染是祸因，
病鳗口腔不闭合，口腔浮肿膜充血。
不能摄食呼吸难，头伸水面游动缓，
颅腔出血血凝块，血从口腔流出来。
继发感染随之来，病鳗缺氧窒息亡，
发现病鳗要深埋，彻底消毒断病原。
氨基酸碘水消毒，治疗口服抗生素，
纳米道夫清肠道，开口出血可防预。

🐟 **注释：**

防治方法：以预防为主，定期用二氯异氰尿酸钠或漂白粉消毒。

10 鳗身红点如芝麻

鳗鱼全身出血点，败血极毛杆菌染，
俗称鳗鱼红点病，外观症状很典型。
病菌侵入皮下层，增加毛管通透性，
毛管破裂渗出血，涎血黏合血糊病。
防治方法提水温，26 ℃以上抑病菌，
杀菌药浴先预防，发病服药已时晚。

🐟 **注释：**

治疗方法：聚维酮碘消毒2～3次。内服用药：每千克鱼体重每日用50 mg 奥索利酸，拌料投喂，5～7天为一疗程。

11　鳗苗痉挛称抽筋

白苗早期易痉挛，通俗称之为抽筋，
池中锌离高成因，引起白苗中毒症。
锌毒水温成因果，低于20℃病不犯，
饥饿鳗鱼易中毒，锌毒不侵饱食鳗。
发现中毒水温降，投喂红虫食驯养，
取食正常解锌毒，生物解毒螯锌散。

🐟 **注释：**

防治方法：停止加温，并加入冷水，使水温降低1～2℃并保持，然后投喂红虫，开食驯养。当白苗正常摄食后，恢复正常温度培育。

"螯锌散"是指含络合锌的产品。

12 海参腐皮致自溶

海参腐皮综合征，发病冬季至早春，

一旦发病蔓全池，九成死亡苗近绝。

病参呻吟直摇头，口部肿大无食欲，

泻出内脏欲排毒，溃疡增多口不收。

蓝白斑点已显现，全身溃疡酶启动，

化皮水解致自溶，疾病传染来势汹。

海参化皮多有因，死藻残饵带毒泥，

底部缺氧体质弱，毒性最大硫化氢。

预防化皮需改底，除臭芽孢消硫氢，

黄金多维增抵抗，参奥伴苗不化皮。

 注释：

　　海参腐皮综合征又叫海参化皮病。感染初期病灶部位以假单胞菌属和灿烂弧菌为主，后期由于海参表皮受细菌的腐蚀作用形成体表创伤面，进一步使霉菌、寄生虫富集和生长，最终导致海参继发性感染死亡。海参在离开水体一段时间或海水受到污染后，会自动合成自溶酶，将自己溶化成液体，在养殖圈中化得无影无踪。

　　"参奥"为复合生理机能调节剂产品，能提高海参免疫力。在海参苗养殖期间，按 50 g 产品加 10 kg 海参饵料、加适量自来水或井水搅拌均一泼洒，每周一次，持续 3～5 周。大苗或成参用纳米道夫修正液拌料投喂，可预防海参腐皮综合征。参奥、纳米道夫修正液两个产品不含抗生素，无残留。

第七节　斑点叉尾鮰鱼病

鮰鱼肠道败血症

爱德华氏菌，引肠败血症，
病鮰食欲退，头翘尾下垂。
体表有出血，鳃片灰白色，
眼球外突出，病鱼食饵拒。
头顶腐蚀洞，头盖似穿孔，
腹水有两色，肝肠有出血。
脾肾大而肿，坏肝病灶重，
全身器官腐，病菌何其毒。
管控发病季，提前早防治，
消毒聚维酮，药杀车轮虫。
纳米道夫防，益菌可持续，
二者交替用，肠道能排毒。

注释：

　　"益菌"是指口服乳酸杆菌等。

　　预防：酵母菌素、纳米道夫修正液。

　　治疗：按每千克鱼体重用10～15 mg氟苯尼考粉，拌料投喂，一日一次，连用3～5日。

② 鮰苗带毒不上市

斑点叉尾鮰，一周前拖回，

随之不进食，很快苗死绝。

病鱼头发红，眼突头上冲，

无力正常游，此时天无助。

病原体培检，爱德华菌染，

出之苗带毒，本应可避免。

严控病苗进，入塘消毒浸，

恩诺沙星治，奶乳料理金。

注释：

治疗方法：每千克鱼体重每日每次拌饵投喂恩诺沙星粉 10～20 mg，连用 5～7 天。

恩诺沙星具有广谱抗菌活性，对嗜水气单胞菌、荧光假单胞菌、弧菌、诺卡氏菌、链球菌、爱德华氏菌等绝大多数水生动物致病菌都有较强的抑菌作用。可用于防治鱼类的细菌性烂鳃病、肠炎病、败血病、白皮病、白头白嘴病、打印病、竖鳞病、赤皮病、链球菌病、腐皮病等。

3 鮰肠套叠重肠炎

肠子套叠新型病，麦芽单胞是祸因，
发病突然传染快，叉尾鮰鱼受其害。
病鱼鳍条边发白，鳍基颌腹在充血，
体表褪色显色斑，斑块溃疡霉感染。
病鱼独自慢游池，食欲减退或丧失，
头上尾下悬挂姿，死亡之后沉水底。
解剖死鱼重肠炎，肠子套叠伸里面，
肛门红肿有脱肛，病理特征实罕见。
三月四月病发生，六至八月病高峰，
一旦发病很难控，全军覆灭钱财空。
加强预防是关键，康有维来抗应激，
气温突变增溶氧，开口料理增抵抗。
治疗复方新诺明，疫苗具有保护性，
酵母菌素助消化，纳米道夫解肠结。

🐟 **注释：**

"麦芽单胞"指嗜麦芽寡养单胞菌。斑点叉尾鮰传染性套肠病是由嗜麦芽寡养单胞菌引起的一种急性致死性疾病。

治疗：全池泼洒二氧化氯，每立方米水体用 0.2～0.29 g；口服恩诺沙星，每千克鱼体重每日用 20～40 mg，分两次投喂，连续用 3～5 天；随后用黄金多维，按 1 kg 饲料拌 3 g 的用量投喂，3～5 天为一个疗程，以提高免疫力。

4 鮰卵易遭霉菌染

斑点叉尾鮰，卵病染水霉，

水流不洁畅，鱼卵大批亡。

亲本细心捞，鱼卵盐浸泡，

治疗亚基蓝，水霉孢子消。

🐟 **注释：**

预防和治疗：将卵放入 1/5 000～1/3 000 的福尔马林溶液中浸洗 30 分钟；用浓度 10.5％～11％ 的食盐水将卵消毒。

5 鮰苗带毒伴苗随

斑点叉尾鮰，病毒伴苗随。

诱因时机到，病毒伸魔爪。

病鱼体发黑，鳃部显苍白。

腹部膨起大，肝脾肾又肿。

肌肉内出血，渗物呈黄色。

鱼在水中旋，垂死嗜睡眠。

苗种需检疫，毒苗不上市。

黄金多维服，疫苗早问世。

🐟 **注释：**

斑点叉尾鮰病毒病是由疱疹病毒引起的斑点叉尾鮰疾病，是其幼鱼爆发性急性传染病。

治疗：每 100 kg 鱼每天用 0.5 kg 大黄、黄柏、黄芩或板蓝根单用或合用加 0.5 kg 食盐拌饵投喂 7 天；或每 100 kg 鱼每天用 8～10 kg 水花生，大蒜和盐各 0.5 kg 一起打浆后拌米糠制成药饵投喂 7 天。

6 鮰疱病毒带毒传

美洲斑点叉尾鮰，细菌病毒常伴随，
爱德华氏细菌染，疱疹病毒带毒传。
细菌感染有药治，病毒感染无药医，
二者感染症相似，乱投药物不为奇。
病毒感染靶在肾，脾鳃肠道也感染，
鮰苗抵抗能力弱，死亡极高难逃脱。
水温变化成诱因，低温十八病消失，
八月龄鮰发病低，成鱼带毒不犯病。
病鱼皮黑鳃苍白，表皮鳍基在充血，
双眼突出腹水肿，肝脾出血肾最重。
病鱼临床嗜好睡，水面打转尾下垂，
死亡之时沉水底，隔日尸体再翻起。
成鱼带毒母子传，基因检测要把关，
黄金多维添免疫，营养疫苗能破难。

注释：

　　斑点叉尾鮰疱疹病毒病是由鮰疱疹病毒（Channel catfish virus，CCV）Ⅰ型感染引起斑点叉尾鮰的鱼苗、鱼种大批死亡的一种鱼病。该病毒既可垂直传播也可水平传播。

　　控制水温也许是抑制鮰苗病毒病发生的最有效的办法之一。将水温降低到 20 ℃以下，可降低鮰的感染率和死亡率。

第八节　鳜鱼、鲈鱼、鳟鱼病

／ 鳜鱼用药有诀窍

鳜鱼生性吃活鱼，光吃荤来不吃素，

倘若鳜鱼得了病，药物怎能到鱼肚？

解决难题有新招，隔塘暂养鲮鱼苗，

投药先投鲮苗吃，迅速起网鳜池倒。

鳜鱼吃到药膳鱼，药物转送鳜鱼肚，

桃花时节鲮苗喂，药到病除鳜鱼肥。

鳜苗食性可驯化，人工饲料有前景，

药物包裹饲料上，鳜病吃药新途径。

 注释：

　　将鲮鱼苗或其他鱼苗投放到网箱，在网箱中投喂高剂量且对鳜鱼有效的药饵料，15～20分钟后将网箱内的食饵鱼再投放到鳜池中，让鳜鱼尽可能快地吃到药膳活饵料，以期达到防病治病的目的。近几年来，鳜鱼的人工饲料在其配方上有了新的进展，从驯食鳜苗开始至成鱼都有成功的范例，这将对鳜鱼产业的发展起到积极的推动作用。

　　"桃花时节鲮苗喂，药到病除鳜鱼肥"一句，借用了宋代苏轼《浣溪沙·渔父》词中"西塞山前白鹭飞，散花洲外片帆微。桃花流水鳜鱼肥。"的意境。

② 鳜鱼病毒疫苗防

鳜鱼虹彩病毒病，不好防来不好治，
渔民养殖在赌博，成败乃是靠运气。
病鳜眼突体发黑，鳃盖鳔脏出血点，
鳃白肝白腔腹水，肠内黏物呈黄色。
气温水质成诱因，饵料投喂要适量，
狂追鱼饵耗体能，器官受损加病情。
虹彩病毒有克星，疫苗预防去打针，
细菌用药先喂鲮，鳜吃鲮鱼病可医。

🐟 注释：

　　目前还没有有效治疗该病毒病的办法，所以，要以预防为主。预防可通过注射鳜鱼灭活虹彩病毒疫苗的方式。中山大学生命科学学院翁少萍等针对鳜传染性脾肾坏死病做了灭活疫苗，已于 2019 年 12 月被批准为新兽药（农业农村部公告第 253 号）。该病毒为肿大细胞病毒属的代表种，也属虹彩病毒科的成员之一。除此而外，鳜鱼还会感染虹彩病毒科鲑病毒属的病毒。

3 加州鲈鱼白皮病

加州鲈鱼白皮病，白皮杆菌乃病因，

病鱼鳍基现白点，白点发展周边延。

重则体表全白色，病灶膜脱会出血，

病鱼缓慢游水面，脏器衰竭致死亡。

发现病情快消毒，有菌必清与强氯，

内服复合抗生素，白皮消失不再复。

 注释：

预防：将发病鱼池全部换上新水，并以 0.2×10^{-6} 二氯异氰尿酸钠全池泼洒；每千克饲料加 4 g 的康有维；每千克饲料加 3‰～5‰ 的黄金多维。

治疗：使用磺胺类药物拌料投喂，连用 3～5 天。

4 鲈毒交叉病难防

加州鲈鱼病毒病，两种虹彩病毒引，
肿大病毒鲑病毒，交叉感染病难治。
患病症状鱼趴边，水面暗游反应慢，
体表溃烂或烂尾，肝脏肿大黄白色。
预防进水要消毒，过筛拉网抗应激，
天气剧变康有维，一旦发病当停食。
纳米道夫协防治，用药不当更刺激，
保肝护肝肝宝全，黄金多维增抵抗。

注释：

感染加州鲈鱼的虹彩病毒属于虹彩病毒科蛙病毒属。流行季节主要是7—8月，水温30～32 ℃，夏季高温季节较为多见，急性发病时，短时间可使大部分鱼死亡。该病主要症状为病鱼体表大片溃烂，裸露肌肉坏死并有出血，病鱼体色变黑，肝、脾、肾肿大并伴有出血。

由于对加州鲈鱼虹彩病毒病发病机理、流行病学方面的研究还不深入，还没有有效的防控措施，一般的治疗效果也不佳，水温下降病情会缓解。目前主要是采取以下措施进行预防：①加强对加州鲈鱼苗种的检测，避免将病毒带入；②发现病鱼时及时捞出，尽可能避免死鱼腐烂后病原体在水体大范围扩散；③关注水质变化，防止亚硝酸盐过高诱发病毒病的发生。同时，也要防止细菌病的合并感染。

5 饲料污染伤肝胆

加州鲈鱼卖价高，肉质鲜美好味道，
渔民养殖有激情，缺乏技术去指导。
养殖密度要适中，药物伤肝须把控，
发病根源多有因，抗菌药物莫滥用。
鲜活饵料消毒投，臭鱼烂虾莫贪求，
饲料不含黄曲霉，鱼的肝病莫犯愁。
鱼病花肝有充血，也见肝脏无血色，
保肝护肝肝宝全，纳米道夫霉毒解。

注释：

饲料中的黄曲霉毒素对不同的鱼类毒害程度不同，可直接降低饲料营养成分影响动物的生长、造成动物的肝脏和免疫功能损伤。鱼类黄曲霉毒素中毒为慢性中毒，后期一旦发病就很难控制，且死亡率极高，经济损失很大。

6 虹鳟身上长白毛

虹鳟属于冷水鱼，转运带伤水霉毒，
患病鱼儿长白毛，皮肤溃烂无食欲。
若是病害不急控，骨瘦如柴缓游动，
肠道病菌乘虚入，结局衰竭而告终。
水体消毒紫外线，酵母菌素解肠毒，
硝化菌群降亚盐，鱼健食安生吃鱼。

注释：

虹鳟水霉病多发于冬季和早春季，定期泼洒低温芽孢杆菌对霉菌的生长有很好的抑制作用。

治疗方法：用0.04%小苏打和0.04%的食盐混合液长时间浸浴病鱼；内服抗菌药物（如磺胺类抗生素）。

7 虹鳟营养当注重

虹鳟属于高档鱼，本应享受高待遇，
谁知饲料不健全，肝脂代谢受其阻。
饲料欠缺氨基酸，营养缺乏维生素，
脂肪碳磷且过剩，势必造成肝脂症。
病鱼体黑不活泼，鳃色变淡体质弱，
肝胆肿大呈黄色，胃肠溃疡无食欲。
预防要用全饲料，黄金多维不可少，
鳟鱼营养当注重，劣质饲料不得造。

注释：

人工配制的饲料必须营养全面，最适合的饲料应含有蛋白质、脂肪、碳水化合物、矿物质和维生素等营养成分，且要搭配适当。鳟鱼饲料中蛋白质的含量应不低于 40%，粗纤维含量应不超过 10%，脂肪的最适量为 5% 左右。

8 鳟苗带毒要阻断

患病虹鳟败血症，体色发黑眼珠突，
肌肉器官渗出血，狂游旋转水下沉。
病毒感染是根源，种苗带毒要阻断，
提高水温是主措，解决疫苗渔民盼。

注释：

艾特韦弹状病毒（Egtved virus）可引起虹鳟出血性败血病，发病流行症状分为急性、慢性和神经性三种类型。流行于冬末春初，在水温 6～12℃时发病较多，当水温升至 14～15℃时，基本没有此病的发生。

9 金鳟水面翻白肚

金鳟水面翻白肚，

诱因其一染病毒，

弹状病毒鱼鳔炎，

发病一周命呜呼。

其二营养过余剩，

消化不良肠阻梗，

脂肪堆积挤压鳔，

鳔中胀气体失衡。

解决办法衡水温，

1%盐水缓病情，

活饵饲料交替喂，

酵母菌素口服行。

注释:

治疗：每千克鱼用 10～30 mg 氟苯尼考拌料投喂，每天一次，连喂 3～5 天，能减少继发性细菌感染，从而减少死亡。

第九节　小龙虾病害

1　龙虾黑鳃难呼吸

龙虾患上黑鳃病，水质污染真菌引，
发病季节六七月，病虾鳃红逐变黑。
鳃部坏死渐萎缩，失去过滤供给氧，
虾儿停食行动缓，不入洞穴露水面。
聚维酮碘去消毒，肠道预防用道夫，
复合芽孢定期泼，黑鳃褪色虾康复。

注释：

预防：保持水体清洁，溶解氧充足，定期用生石灰调节水质。

治疗：患病虾用 3‰～5‰ 的食盐水浸洗 2～3 次，每次 3～5 min，或每立方米水体 10 g 亚甲基蓝全池泼洒。

2　龙虾肠炎不进食

龙虾细菌肠炎病，点状气单胞菌引，
水质恶化是诱因，变质食物从口入。
病虾重则不进食，肠子肿胀壁血充，
黄蓝黏液遗肠中，死亡率高来势汹。
防治消毒聚维酮，纳米道夫解肠毒，
复合芽孢多泼洒，酵母菌素肠炎终。

注释：

酵母菌素对小龙虾肠炎致病细菌有很好的抑制作用，按每千克小龙虾饲料拌 0.3 g 酵母菌素投喂，每周一次，对小龙虾细菌性肠炎有很好的预防作用。

3 龙虾烂尾细菌染

饲料匮乏虾互残，几丁质解细菌染，
初期尾部有小疮，边缘溃烂残不全。
重症从边往中展，整个尾部烂对断，
运输避免机械伤，饲料充足不互残。
聚维酮碘来消毒，纳米道夫用防预，
早期及时 3D 钙，去旧换新尾拒腐。

注释：

"几丁质解细菌染"是指由几丁质分解细菌所感染。

防治：除本诗中的方法而外，还可采用每立方米水体 15～20 g 的茶粕浸泡液全池泼洒，或者每亩用 5～6 kg 的生石灰全池泼洒。

4 龙虾烂壳肌溃烂

多种细菌引烂壳，病虾壳上有溃斑，
溃斑颜色灰白色，严重溃烂变黑暗。
黑斑下陷形空洞，侵蚀组织体失控，
病虾已是无食欲，此时用药无效功。
运输投苗要细心，防治消毒抗应激，
多喂 3D 强吸钙，脱去烂壳金甲披。

注释：

烂壳病由假单胞菌、气单胞菌、黏细菌、弧菌或黄杆菌感染所引起，有 5 种防治方法：①先用 25 mg/L 生石灰化水全池泼洒 1 次，3 天后再用 20 mg/L 生石灰化水全池泼洒 1 次。②用 15～20 mg/L 茶饼浸泡后全池泼洒。③每千克饲料用 3 g 磺胺间甲氧嘧啶拌饵，每天 2 次，连用 7 天后停药 3 天，再投喂 3 天。④每立方米水体用 2～3 g 漂白粉全池泼洒。⑤用 2 mg/L 福尔马林溶液浸浴病虾 20～30 分钟。以上 5 种方法可根据实际情况单独使用或联合用药。

5　龙虾身披白棉衣

水霉病因霉菌引，立冬早春低温季，
多因进苗机械伤，虫害叮咬病菌侵。
龙虾染上水霉病，身上披上白棉衣，
行动迟缓食不振，组织坏死病难治。
进苗避免机械伤，虾苗消毒稻田放，
防治消毒漂白粉，低温芽孢抑霉生。

注释：

　　"漂白粉"为次氯酸钙；"低温芽孢"指低温 EM 菌，在立冬早春低温季使用，可消除水体冬季富营养，对抑制水霉的发生有很好的效果。还可使用亚甲基蓝，它具有还原性，用于杀菌消毒，对水霉有一定效果，一般主要用于观赏鱼。

6　龙虾易患什么病

龙虾易患什么病？烂鳃烂尾病毒症，
这些病该怎么防？消毒用药有良方。
水体消毒菌必清，水体污浊立水净，
将来疫苗管病毒，细菌病毒有药医。

注释：

　　"病毒症"是指由小龙虾白斑病毒引发、后期与细菌产生合并感染的病症，因此在防治上需要考虑病毒和细菌两个方面的因素，进行综合防治。

7 身无白斑病何判

早上巡塘去查看，病毒感染直观判，
虾儿无力爬上岸，挑逗不把爪儿还。
头胸甲壳易脱落，下面积水一大坨，
肝脏溃烂肌似棉，八成病毒可定夺。
龙虾甲壳无白斑，对虾白斑很明显，
若要断定病毒病，尚需 PCR 基因检。

🐟 注释：

　　白斑的主要成分是碳酸钙，由于白斑综合征病毒在上皮细胞内的迅速增殖导致钙磷比显著提高，甲壳上形成了碳酸钙沉淀，故对虾甲壳上有明显的白斑，而小龙虾由于甲壳厚、不透明，白斑不明显。

8 白斑病毒进稻田

白斑病毒扫沿海，持续时间三十载，
病害防控一大难，对虾养殖一大碍。
而今迁徙来内陆，稻田龙虾新宿主，
整个养殖难逃劫，将来发展遇险阻。
四大家鱼不赚钱，鱼塘稻田把虾养，
恰碰病灾连阴雨，旧愁未解新愁添。
渔民兄弟不要急，科技支撑最给力，
白斑病毒遇克星，口服疫苗待问世。

🐟 注释：

　　"迁徙"是指水鸟将白斑病毒由沿海带至内陆的一种传播途径，也包括南美白对虾在内陆淡水养殖的过程中，把病毒带过来的一种可能性。白斑病毒口服疫苗的研究已取得重要进展，已见国家发明专利和文献报道，进入试验示范阶段。

9 龙虾补钙助蜕壳

龙虾生命有多长？两年寿命属正常，
虾体蜕壳十多次，脱胎换骨催生长。
蜕壳前后需补钙，补钙要用 3D 钙，
谨防同类相伤害，饲料充足互友爱。

🐟 注释：

"3D 钙"是指 3D 强吸钙产品，功效：补充虾、蟹对微量元素和钙的需求，含多种促进钙吸收的维生素，吸收率能提升 50% 以上，对甲壳不能正常硬化、脱壳不全、形成软壳或脱壳不利、生长缓慢等现象有很好的效果。可调节钙、磷平衡，促进钙磷在肠道的吸收，提高虾、蟹壳的硬度和亮度。促进机体的几丁质、钙质、脱壳激素的生成，使虾、蟹能按生长周期生长，同步脱壳，避免大小不齐，缩短养殖周期。增强虾、蟹食欲，促进硬壳或脱壳，增强免疫力，提高机体抗应激能力。

10 龙虾软壳当补钙

龙虾软壳病，病虾外壳软，两螯举不坚，体色暗而淡。
行动迟而缓，爬卧在岸边，好食不相思，生长缓而慢。
此病多有因，长期阴雨绵，水质偏酸性，归结缺钙质。
泼洒生石灰，饲料添骨粉，3D 强吸钙，螯甲坚又挺。

🐟 注释：

小龙虾软壳病病因：小龙虾体内缺钙。另外，光照不足、pH 值长期偏低、池底淤泥过厚、虾苗密度过大、长期投喂单一饲料、蜕壳后钙、磷转化困难等原因也会导致虾体不能利用钙、磷，进而造成软壳病。

处置方法：按每千克饲料加 10 g 3D 强吸钙拌料投喂，每天 1 次，连续 3 天。软壳严重，钙质低的水体或者发病高峰期可适当加大用量。

11 白斑病毒宿主宽

白斑病毒宿主宽，各种虾类都感染，
螃蟹也难逃厄运，两者混养病互传。
同病相怜统一防，共同筑成防火墙，
虾蟹避开同池养，二者犯病渔民伤。

注释：

池塘中的端足类、介形类、龙虾类、挠足类、水蝇类等甲壳类都是白斑病毒的携带者，在混养过程中，螃蟹也会被白斑病毒感染。

所有的人工养殖对虾都是对虾白斑综合征病毒的敏感宿主（南美白对虾、中国对虾、斑节对虾、日本对虾、墨吉对虾、长毛对虾、短沟对虾、罗氏沼虾、脊尾白虾）。

12 龙虾螃蟹谁厉害

虾蟹稻田同一池，易患白斑同一病，
病毒种外能传播，共同防御要切记。
虾蟹同池会打架，螯夹伸出互不让，
二龙相斗谁称霸，龙虾残蟹当老大。

注释：

"白斑"指对虾白斑综合征。

蜕壳是小龙虾和螃蟹生长过程中必经的生理现象。在蜕壳期间，虾、蟹自身非常脆弱，所以此时要做好水质控制、补钙工作，防止虾、蟹互相伤害，以保证产量。

第十节 南美白对虾病害

╱ 淡水养殖白对虾

淡水养殖白对虾，海边引苗先淡化，
七至十天放虾池，每亩五万不相差。
放苗之前清池塘，杀虫消毒同时上，
每亩用上半吨盐，肥水培藻做在前。
虾苗搭配丰年虫，也喂粉料吃卵藻，
逐步喂上颗粒食，头月基本不用药。
随着天气水温起，日复一日粪渣积，
病原细菌繁殖旺，病害防治要抓紧。
菌必清和立水净，净水杀菌在先行，
改底王和益生菌，消除氨氮有保证。
白斑病毒要预防，虾求制剂莫淡忘，
中期用些乳酸菌，虾子已是八分长。
中后严防偷死症，白便不治也排塘，
纳米道夫去预防，多用偷死改底王。
后期藻茂水浑浊，黑殖酸要用的足，
加大增氧搅动水，水体遮阳藻相瘦。
只要水质调节好，60T套餐严把控，
增强免疫抗应激，养殖大多都成功。

 注释：

南美白对虾淡化：虾苗对盐度的降低需要一个逐步适应的过程，每天的盐度变化不得高于 2‰。水泥池淡化最好不要单纯投喂虾片，尽可能配合丰年虫避免水质难控制。偷死改底王产品是种磁性颗粒，富含纳米酵素、季鳞盐等，具有池底抑菌和降解亚硝酸盐的作用，同时也具有对池底其他毒素的解毒作用。

　　"60T套餐"是由湖北肽洋红生物工程有限公司研制出的一套以预防虾病毒、细菌为主的系列组合产品，在放苗 20 天后投喂，持续 60 天至收虾。该一站式套餐服务方案，经广东、广西、海南大水域试验示范，取得了很好的效果。

2 对虾偷死多成因

对虾有种偷死症，几日不食渐下沉，
池塘边下死一片，渔农为此好郁闷。
偷死没有好药治，关键病因还不明，
细菌病毒水成因，切莫病急乱投医。
处置偷死调水质，底部增氧要及时，
康有维来抗应激，池塘解毒少喂食。
暴雨前后五黄散，投撒偷死改底王，
纳米道夫用防预，康虾干嘛要偷死。

 注释：

　　其他防治措施：如发现有偷死，应立即停料，打开池塘所有的增氧机，在池塘泼洒一些生石灰和小苏打，将池塘的 pH 调节到 8 左右，然后连续补充黄金多维增强虾的体质，少吃多餐，逐步恢复进食。

3 病虾矮小个体残

造血组织坏死症，细小病毒染上身，
亲本带毒经卵传，病虾矮小个体残。
病虾取食明显减，上翻缓沉不间断，
腹部肌肉不透明，濒死体色常偏蓝。
幸存虾儿恢复慢，甲壳显得十分软，
抵抗能力十分弱，附肢皮下有黑点。
不能按期去蜕皮，皮上菌藻披污泥，
体鳃附有聚缩虫，造血组织炎症起。
此病经卵能传播，虾求协防做在前，
病毒疫苗在研制，阻断感染药有期。

注释：

　　对虾造血细胞坏死病是由传染性皮下和造血器官坏死病毒（IHHNV）引起的一种对虾慢性病。病虾身体变形，成虾个体大小参差不齐，死亡率不高，但养不大，其经济损失比虾死亡还大。目前，在我国沿海，对虾白斑综合征病毒（WSSV）有与 IHHNV 合并感染的趋势，使得病情更加复杂，更难控制。

4 对虾红体有五因

对虾红体五类型，应激红体属一类，
水质恶化病起因，康有维可抗应激。
其二细菌导红体，黄弧菌假单胞菌，
病虾附肢游泳足、步足尾扇都鲜红。
预防道夫修正液，虾求制剂拌料服，
黄金多维添免疫，增加抵抗体色复。
其三病虾体暗红，亚盐引起虾中毒，
导致肝大胰腺肿，病虾趴边肠胃空。
解毒灵是急救药，紧随用药亚盐消，
保护肝腺肝宝全，黄金多维增抵抗。
其四红体不蜕壳，黄鳃烂鳃肠炎症，
体质衰弱肠胃空，蜕壳不遂甲壳红。
水体消毒聚维酮，酵母菌素肠炎控，
3D 强钙助蜕壳，蜕壳如常体不红。
其五红体病毒引，季节变化桃拉病，
病虾体色透淡红，空肠空胃肝胰肿。
尾扇鲜红附肢红，游泳足红缓游动，
反应迟钝易抓捕，一旦暴发病难控。
保肝护肝肝宝全，纳米道夫用预防，
黄金多维嵌合素，研制疫苗是期盼。

注释：

桃拉综合征由桃拉病毒感染引起，患病期间，病虾不摄食，肝胰脏肿大变白，虾体变红，尤其尾部更为明显。幼虾一般急性死亡，成虾呈慢性死亡。

防治：每立方米水体用 0.2～0.3 g 二溴海因化水全池泼洒，2 天后每立方米水体再用枯草芽孢杆菌 0.2 g、光合细菌 2 g 和沸石粉 20 g 化水全池泼洒。

5　对虾缺氧致窒息

八至九月高温季，天气闷热气压低，
含氧低于3以下，对虾浮头或窒息。
虾儿缺氧黎明时，浮出水面慢游池，
轻则日出渐恢复，重则窒息沉水底。
浮头窒息晨观塘，物化合一强增氧，
即增氧机氧氧氧，措施到位虾如常。

 注释：

避免对虾缺氧的日常管理措施：

① 养殖过的虾塘必须彻底清淤消毒。

② 养殖密度应根据虾池、水源及是否配备增氧机等条件，科学地投放。

③ 投饵量要适宜，最好能在1小时内吃完，每天喂食3～5次，饲料要新鲜，最好不要超过半个月。

④ 早晚巡池，特别是在高温期，应测定池水的溶解氧，在低于3 mg/L时灌注新水或开动增氧机。

6 对虾拖着白便便

对虾白便多有因，水质毒性是其一，
弧菌感染属其二，饲料污染黄曲霉。
中毒虾儿食不振，通常肠炎相伴随，
空肠空胃拉白便，重则肠子脱肛门。
保肝护肝肝宝全，嵌合酵素阻病原，
纳米道夫疏肠道，池底白便改底王。

 注释：

　　对虾拉白便的原因：水体氨氮、亚硝酸盐、重金属偏高，蓝藻释放的毒素过高，饲料被黄曲霉污染，对虾感染弧菌，虾肠道感染病毒。这一症状通常会造成虾的肠炎和食欲不振，若不能及时控制，死亡率很高。"纳米道夫"和"嵌合酵素"有着提高虾的免疫力、中和虾肠道毒素、抑制病原微生物的作用。应激处置池中纳米道夫的用法用量：200 mL 纳米道夫修正液加 10 kg 水，再加 50～100 kg 饲料拌匀，放置 5 min 投喂，连续 5～7 天。预防：纳米道夫修正液 100 mL 加 5～10 kg 水，搅拌均一，随后再加 50～100 kg 饲料拌匀，晾干 5 min 投喂，每周 2～3 次。

7 身处绝境跳跳病

虾儿水上飞，岂是跳芭蕾，垂死在挣扎，搏命欲逃生。
水质底缺氧，亚硝硫化氢，肝腺受伤损，应激强反应。
口服康有维，增氧渐换水，保肝调水质，益菌改池底。

注释：

　　跳跳病主要是由水质恶化、池底缺氧并导致虾肝胰腺受损造成的。因此，可采取池底先用过硫酸氢钾，使亚硝酸盐被氧化为硝酸盐，再用长效改底王改底去改变池底环境来预防。应急处置：可采用换水、池塘解毒、底部增氧以及口服抗应激和保肝护肝动保产品去解决。

8　对虾肝肠微孢虫

对虾肝肠微孢虫，侵染肠道肝胰腺，
病虾不死也不长，参差不齐致减产。
购买苗种无病原，双氧水或下重碘，
清除杂鱼中间体，鲜活饵料严把关。
治疗用药肝宝全，黄金多维增抵抗，
弧菌感染需阻断，纳米道夫防混感。

 注释：

　　虾肝肠微孢虫（EHP）既可垂直传播也可水平传播，养殖 40 天左右的虾，会出现发病高峰期。病虾取食正常，肠、胃充满食物，病原体经口进入虾体后，主要侵染肠道和肝胰腺，偶尔伴随有白便。尽管 EHP 侵染引发的是一种慢性病，通常不会引起虾的死亡，但如果与弧菌混合感染，发病率则高达 60%，仅 EHP 的侵染，对虾减产为 20%～30%。目前，较为有效的防治办法是放苗前对池塘进行消杀：按每亩 400 kg 左右的生石灰加水对池底进行泼洒消毒，晒干一周后进水；水体用双氧水消毒的效果较好；效果最好的是聚六亚甲基胍盐酸盐。

9 暴雨过后虾应激

暴雨连绵切当心，空肠空胃偷死症，
虾儿减食慢游塘，死虾多沉增氧机。
暴雨造成藻相倒，死藻沉底毒性高，
水体混浊堵虾鳃，缺氧应激当培藻。
暴雨过后强增氧，昼夜开机氧补偿，
底部投撒底氧吧，夜间投撒氧氧氧。
隔日五黄去解毒，消除应激康有维，
恢复水色培藻膏，虾儿游塘渐消退。
应激减食莫性急，少吃多餐是要领，
免疫调理再跟进，虾儿一周恢元气。

注释：

在连续的暴雨过后，水体中的 pH 值、溶解氧、透明度等理化因子都可能发生改变，尤其藻类不能进行正常的光合作用，不仅不能为水体提供溶解氧，下沉藻反而还会大量消耗水体下层氧分、甚至发生倒藻，故而极易造成虾的缺氧应激偷死。

第十一节　螃蟹病害

1　黑鳃堵鳃蟹憋气

黑鳃病，细菌引，水质恶化主诱因。
鳃丝暗，行动缓，病蟹呼吸都困难。
病流行，夏秋季，成蟹之后高发期。
水要洁，新水更，杀菌消毒菌必清。

注释：

除水体消毒之外，经常泼洒乳酸蒜素、投撒长效改底王，对改善水质、预防蟹黑鳃病有很好的效果。

2　臭虫蟹呼道来由

蟹奴幼虫钻蟹腹，长出根物伸外部，
蔓延体内主器官，盗吸体液营养物。
寄生重者发恶臭，臭虫蟹呼道来由，
九月发病达高峰，雌蟹感染大于雄。
预防措施先清塘，杀灭蟹奴硫酸铜，
蟹池同养小鲤鱼，吞食蟹奴寄生虫。

注释：

蟹奴属节肢动物门，寄生在蟹的腹部。以下为此病的防治方法：①彻底清塘，杀灭蟹奴幼虫，常用漂白粉、敌百虫、甲醛等；②更换池水，注入新淡水；③用 20 mg/L 高锰酸钾溶液浸洗病蟹 10～20 min；④用 8 mg/L 硫酸铜溶液浸洗病蟹 10～20 min；⑤将 0.7 mg/L 硫酸铜与硫酸亚铁合剂（5∶2）全池泼洒。

3 蟹水肿病细菌引

蟹水肿由细菌引，夏秋水温正流行，
病蟹肛门显红肿，腹部腹脐肿透明。
病蟹拒食行动缓，匍匐不动伏池边，
主要危害幼成蟹，死亡率高早预防。
预防措施添新水，夏季投放生石灰，
黄金多维增抵抗，酵母菌素协预防。

注释：

目前，农业农村部已将呋喃唑酮、红霉素列入禁用渔药。因此，作为治疗，须用其他抗生素来替代，作为预防，常用生石灰可起到好的预防效果。

4 蜕壳不遂成僵尸

河蟹蜕壳几十次，蜕壳不遂常见之，
病蟹发黑无光泽，旧壳不退成僵尸。
预防泼洒生石灰，或洒磷酸氢二钙，
饲料添加贝壳粉，补钙就是补收成。

注释：

河蟹一生蜕皮28~32次。

治疗方法：增加池塘中的钙质，定期泼洒浓度为15~20 mg/L的生石灰和1~2 mg/L的磷酸氢二钙，饲料中添加适量的"虾蟹3D强吸钙"，并增加动物性饲料的比例。

5 弧菌感染蟹幼体

弧菌感染蟹幼体，体色浑浊反应迟，
腹肢腐烂体瘦弱，肠内无食死水底。
八至九月发病季，死亡率高发病急，
乳酸蒜素协预防，消毒外用菌必清。

注释：

防治方法：捕捞和运输蟹苗时，应避免损伤；每月坚持采用 0.1 mg/L
二溴海因消毒水体 1～2 次。

6 甲壳溃疡多类型

螃蟹甲壳溃疡病，引发病菌多类型，
症状表现有多种，甲壳溃疡蚀成洞。
一是甲壳显白斑，白斑中间呈凹陷，
腐蚀铸成小洞洞，壳内组织肉眼见。
二是甲壳显棕斑，中间溃疡黑周边，
三是步足破损状，红斑褐斑呈糜烂。
最终导致不蜕皮，蜕皮不遂死无疑，
治疗用药抗生素，用药单一产抗性。
预防泼洒生石灰，酵母菌素协防预，
黄金多维增抵抗，3D 强钙助蜕皮。

注释：

治疗：除诗中所述方法外，还可将 2 mg/L 漂白粉全池泼洒，同时每
千克蟹体每天拌料投喂甲砜霉素 40～60 mg 或氟苯尼考粉 15～20 mg，分
2 次投喂，连用 3～5 天，或拌料投喂大蒜素 50～100 mg，连续投喂 3～
5 天。

7 螃蟹烂肢难横行

螃蟹烂肢病，附肢呈腐烂，
肛门显红肿，行动迟而缓。
病蟹拒进食，无法蜕壳死，
避免机械伤，防止细菌侵。
水体做消毒，恩诺沙星服，
提高免疫力，烂肢方康复。

注释：

防治：除诗中所述方法外，还可在整个池中用溴氯乙内酰脲或二氧化氯喷洒消毒2天。内服：每千克鱼体重用0.1～0.2 g恩诺沙星，拌料投喂，3～5天为一个疗程，连喂2个疗程。

8 蟹身披上破棉衣

运输虫害蟹受伤，水霉孢子侵身上，
伤口长出棉絮状，周边炎症伴溃疡。
病蟹感染行动缓，食欲减退蜕壳难，
蟹卵幼体易死亡，任何蟹池皆有患。
运输避免机械伤，蟹苗买进消毒放，
蜕壳之前3D钙，水好草好生长旺。

注释：

防治：用15～20 mg/L的高锰酸钾溶液浸浴蟹体15 min，内服抗生素。

9　河蟹中毒僵肢体

　　螃蟹栖息于池底，污物毒素沉积泥，
　　引起河蟹中毒症，死亡症状僵肢体。
　　毒素过鳃入蟹体，背甲胀裂假蜕衣，
　　腹脐张开往下垂，头胸甲足易分离。
　　毒素影响内分泌，鳃肝色变体无力，
　　好饲好料不相思，死时僵肢形拱起。
　　预防常用改底王，口服多维强营养，
　　六至九月解毒灵，保肝护肝蟹安康。

🐟 **注释：**

　　防治方法：发病时，将池水排干再换新水，降低水体的氨氮浓度，并加入生石灰 20 mg/L，将池水 pH 值调至 7.5～8.5。

10　蟹体披衣黄绿装

　　水绵双星转板藻，丝状藻类称泥苔，
　　缕缕绿丝悬水中，附着颊额足及鳃。
　　聚缩虫菌凑热闹，蟹体披衣黄绿绒，
　　活动受博摄食少，出水孔堵氧难供。
　　此病常发四五月，水质污染是症结，
　　养殖密度要适中，低温培藻抢季节。
　　防治早期多施肥，点杀泼洒硫酸铜，
　　孢治苔素遮骄阳，青泥苔病亦可控。

🐟 **注释：**

　　防治方法：在放蟹苗前，每亩池塘用生石灰 50～70 kg 清塘，可杀灭青泥苔和水网藻；已放蟹苗的池塘，可用 0.7 mg/L 硫酸铜溶液全池泼洒，能有效杀灭青泥苔和水网藻。除此之外，青苔素产品具有很好的效果。

第十二节　其他鱼类病害

1　鮰鱼带把白扫帚

鮰在鱼中属顶级，食肉凶猛杂鱼吃，
视力低下睁眼瞎，嘴角胡须传感器。
皮肤多种感应仪，能测环境与分子，
饲料充足不互残，养殖六月快受益。
鮰病常见有白尾，白头白嘴相伴随，
细菌引发病因归，庆大霉素肤色恢。

🐟 **注释：**

鮰白头白嘴白尾病的病原体为黏细菌或车轮虫，因此，杀虫消毒同时进行很有必要。

2　鲤春病毒腹水症

鲤鱼栖身于水底，上蹿下跳钻进泥，
低温一龄易得病，鲤春病毒暴发急。
病鱼腹大体发黑，眼突肛肿鳃充血，
鳍基发炎体浮肿，心肾鳔脏临衰竭。
晚期肌肉呈红色，鱼在水中身失衡，
呼吸困难往下沉，一命呜呼不起身。
选好种苗很重要，放养密度要减少，
勤换水来勤消毒，生态优良龙门跳。

🐟 **注释：**

鲤春病毒血症（又称鲤鱼传染性腹水症）是由鲤弹状病毒引起鲤科鱼类患病的一种急性、出血性传染性疾病。流行于每年春季（水温 13～20 ℃），水温超过 22 ℃就不再发病，鲤春病毒血症由此得名。在流行季节，纳米道夫修正液和酵母菌素交替口服使用可起到预防的效果。

3　乌鳢有患败血症

乌鳢方言呼黑鱼，鱼池中的一屠夫，

小鱼小虾盘中餐，身体长得滚又圆。

乌鳢有患败血症，眼眶肌肉见充血，

肠道肝脏有血瘀，体腔腹水水无色。

病鱼鳞片散而松，颌至肛门腹发红，

发现充血倒计时，三至四天命告终。

放苗之前清泥污，长效改底早防预，

鲜活饵料消毒投，发病之时水消毒。

注释：

乌鳢对硫酸亚铁敏感，应禁用。

引起乌鳢败血症的主要原因是投喂霉烂变质饲料，食台残饵未清除，导致水质恶化，致使水体大量滋生费氏枸橼酸杆菌等革兰氏阴性杆菌，进而侵入鱼体发病。该病在7—8月高温期暴发，发病急，传播快，死亡率高。

4 锦鲤得病挑肥瘦

病毒感染挑肥瘦，最适发病25℃，
高低10℃病消失，一旦发病暴瘟疫。
发病锦鲤浮水面，无精打采瞌睡虫，
头下尾上倒栽葱，食欲废绝停游动。
体表出血眼凹陷，局部溃疡松鳞片，
鳍条鳍尾充血重，鳃丝出血肛门红。
皮下出血肌肉红，腹腔血液易凝固，
肝脾肾鳔红血点，肠道硬挺肠血充。
纳米道夫用预防，黄金多维增抵抗，
幼苗变温是举措，疫苗问世是期盼。

 注释：

　　锦鲤疱疹病毒（KHV）是一种致病力强、致死率高的病毒。近年来，锦鲤疱疹病毒病在广东锦鲤养殖池塘高发，死亡率高，被称为"锦鲤鱼瘟"。发病水温18～29℃，发病高峰水温为22～28℃。该病在春季和秋季多发生，在广东一般是4月下旬和9月上旬发病。因此，预防要在3月和8月，即提前1个月进行。

5 鲤鳔炎病何病因

鲤鳔炎病何病因？弹状病毒引上身，

二龄鲤鱼死亡高，水温 15～22℃ 易流行。

病鱼体黑反应钝，消瘦贫血体失衡，

腹部膨大狂侧游，表明鳔上有炎症。

鳔有炎症鳔增厚，内充液体很黏稠，

皮肤内脏呈棕斑，小到针尖大如块。

方法手段多套路，纳米道夫早防预，

黄金多维增抵抗，综合防治抗病毒。

注释:

　　该病用亚甲基蓝拌料投喂有一定效果，用量为 1 龄鱼每尾每天 20～30 mg，2 龄鱼每尾每天 40 mg。

6 鲫鳃出血非绝症

锦鲤疱疹分Ⅲ型，Ⅱ型导致鲫发病，
15～28℃窗口期，水温30℃病销迹。
患病鱼儿食欲差，呼吸频率在增加，
肌肉出血体发黑，漫游池塘嗜昏睡。
鳃盖张合在流血，鳍条末梢显苍白，
尤其尾鳍最明显，死不瞑目眼珠翻。
腹大腹水腹肿胀，肠腔无食且糜烂，
肝脾肿胀呈白色，鳔上出血有瘀斑。
此病非同大红鳃，治疗也是要死鱼，
急待疫苗早问世，鲫利协助阻血出。

 注释：

养殖业者常称的鲫鳃出血病由鲤疱疹病毒Ⅱ型（CyHV-2）引起。

"死不瞑目眼珠翻"是形容鱼病的严重程度和眼突。其实，在正常情况下，鱼的死活与是否闭眼并不是绝对，部分软骨鱼类有相当于眼睑的瞬褶，能将眼的一部分或全部遮盖，但鲤、鲫、带鱼和鲳鱼等硬骨鱼类没有眼睑。所以大多数鱼类无论死活还是睡觉都是不闭眼睛的。

"疫苗"是指由浙江省淡水水产研究所鱼病研究室培养的鲤疱疹病毒Ⅱ型组织苗。"鲫利"为一种免疫协调制剂，用法：预防按每1 kg鱼用0.15 g产品加适量水拌料投喂，每周一次；发病鱼加1倍剂量使用，连续5～7天。

鲫鱼鳃出血由病毒引起，而大红鳃由细菌引起，病原为嗜水气单胞菌、弧菌，该病主要诱因为气候恶化和水质突变，可通过调节水质、用抗生素进行治疗。

7　鲫鱼鳃霉堵呼吸

鲫鱼鳃霉时常见，鳃上出血或斑点，
腐烂坏死高贫血，有病早防莫怠慢。
病鱼不食游动缓，呼吸输氧很困难，
终因呼吸功能衰，好药难把鱼命买。
鲫鱼黄颡栖底鱼，聚维酮碘来消毒，
经常抛撒改底王，益菌抑霉鳃霉除。

🐟 注释：

　　鳃霉病是由鳃霉菌侵入鳃部而引起，鳃霉滋生在鳃丝或者鳃小片中，鳃霉菌菌丝较发达，常在鳃丝组织中蔓延贯穿。鳃霉病常常伴有肠炎病，轻压腹部有血水从肛门流出。鳃霉一旦发生，容易引起发病鱼的大量急剧死亡，因此鳃霉病应重视预防。

8　鳊鱼水霉菌丝缠

鳊鱼又称武昌鱼，极目楚天限区域，
鳊鱼代表团头鲂，产自樊口交汇处。
鳊鱼爱患水霉病，霉菌易从伤口入，
菌丝扩展长白毛，好似穿件白棉衣。
病鱼焦躁显不安，找物摩擦脱身难，
食欲减退肌肉烂，瘦弱而死霉丝缠。
预防避免机械伤，消毒苏打和食盐，
秋冬用上低温菌，抑制水霉难生长。

🐟 注释：

　　武昌鱼的原产地在鄂州樊口。"低温菌"是指低温复合芽孢杆菌，该菌群能在水温低于 10 ℃的情况下生长繁殖，快速有效地降解氨氮和亚硝酸盐、分解硫化物，从而有效抑制霉菌的生长繁殖。

　　治疗：用亚甲基蓝 0.1‰～1‰浓度水溶液涂抹伤口和水霉着生处或用 60 mg/L 亚甲基蓝浸洗 3～5 min。

9　罗非鱼病抗药性

罗非鱼链球菌病，病菌顽固抗药性，
即使使用抗生素，鱼要得病难逃逸。
病鱼打转慢游池，体黑眼突不进食，
鳃盖胸鳍有充血，腹胀脏衰面临死。
对付这种疑难症，纳米道夫阻隔离，
强力霉素用治疗，五至七天缓病情。

注释：

治疗：盐酸多西环素（盐酸强力霉素），每天每千克鱼用药 20～50 mg，制药成饵，连续投喂 5～7 天。

10　白刁肠炎起病急

翘嘴红鲌大白刁，清蒸干煸或红烧，
淡水鱼中一贵族，肉质鲜美好味道。
白刁养殖要注意，急性肠炎起病急，
气单胞菌缠上身，鱼儿肠炎食不觅。
发病赶快改水质，杀虫消毒同进行，
纳米道夫拌料喂，酵母菌素防拉稀。

注释：

翘嘴红鲌又称翘嘴白、大白刁、白鱼等。诗人杜甫在诗中曾形容"白鱼如切玉"，在唐代时就以"湄沱之鲫"而名扬九州。它是淡水鱼中之贵族，历朝历代都被选为皇室贡品。

"拉稀"指肠炎。

治疗：磺胺脒内服，每 100 kg 鱼体重第 1 天用药 10 g，第 2～6 天用药 5 g，混饵或制成颗粒饵料投喂，1 天 1 次，连用 6 天。

11 病愈鳜鱼照风骚

鳜鱼淡水王中王，追杀捕鱼很疯狂，
王者也怕病来得，白皮病重活不长。
病鱼背鳍白花腰，尾鳍残缺全烂掉，
病鱼尾部朝天冲，面临死亡把药要。
这种病因气单胞，聚维酮碘把毒消，
氟苯尼考拌料喂，鳜鱼池中照风骚。

🐟 注释：

"气单胞"指白皮假气单胞菌。

治疗方法：每千克鱼每天用氟苯尼考粉 10～15 mg，拌料投喂连喂
3～5 天。

12 真鲷虹彩病毒病

真鲷虹彩病毒病，七至十月发病情，
主要危害鲷幼苗，水温变化决生死。
病鱼贫血体色黑，鳃鳍体表有充血，
肝脏肿大有血淤，肠道充血无食物。
此病应该早预防，疫苗研制要跟上，
阻断水平传染源，养殖真鲷有保障。

🐟 注释：

治疗：每千克鱼用 50～100 mg 恩诺沙星，拌饲料投喂，每天一次，
连续 6 天，休药期为 7 天。抗生素仅对中后期的细菌合并感染起到控制作
用，但对病毒本身没有效果。

13 龙鱼富贵病当医

龙鱼追溯石灰纪，年代跨越一个亿，
金甲磷被光泽艳，古来今往供观赏。
龙鱼价格论长短，硕大美观上了万，
豪门富贵养龙鱼，年年有余盼兴旺。
龙鱼肠炎水霉病，孔雀石绿抑霉生，
酵母菌素防肠炎，纳米道夫用口服。

🐟 **注释：**

孔雀石绿对水霉具有很好的消杀效果，但孔雀石绿具有"三致性"，即致癌、致畸、致突变，不得用于食用鱼的水体消毒。

14 青蛙歪头打水转

青蛙歪头旋游病，败血菌引脑膜炎，
病蛙肚大打水转，眼珠突出目失明。
疾病流行来势猛，一旦发病成绝症，
抗生素也无可奈，天天死蛙需深埋。
歪头症要提前防，蛙呱筑成防火墙，
磺胺嘧啶用治疗，蚯蚓蛆虫增抵抗。

🐟 **注释：**

青蛙歪头症病原为脑膜炎败血伊丽莎白菌，该病一旦发生，几乎无药可治。

预防：通过肌肉注射脑膜炎败血伊丽莎白菌疫苗有较好的免疫保护作用，在流行病来临或发病之季，每周使用一次蛙呱产品，可显著提高幼蛙、成蛙的免疫力、存活率。

治疗：将可溶性阿莫西林 100 g/亩全池泼洒，连用 5～7 天；磺胺间甲氧嘧啶钠 100 g 拌料 100～150 kg，投喂 5～7 天。

15 石斑病苗像旱鸭

石斑鱼属名贵鱼，种苗繁育瓶颈遇，
神经坏死病毒病，纵横传播两途径。
病苗游动像旱鸭，大腹便便两边甩，
黑身趴底或翻白，食欲减退耍单边。
鳃呈紫红出血状，脾大紫黑肾肿胀，
贫血肝缩白绿便，鳔上胀气水积肠。
预防进苗先检疫，接种疫苗可防治，
水质饵料是关键，黄金多维免疫添。

注释：

福建省水产研究所已开展石斑鱼神经坏死病毒基因工程疫苗研发，已取得了好的示范效果。

目前该病没有有效治疗方法，通过提前处理水质、育苗过程中保持环境稳定、减少发病的诱发因素，可以减少该病的发生和降低死亡率。

16 虹彩病毒染石斑

虹彩病毒染石斑，病鱼表症不明显，
急性症状鳃紫红，慢性贫血鳃苍白。
肝脾肿大紫黑乌，淤血质脆似豆腐，
前肾肿大很明显，黑身趴底肌肉绵。
虹彩病毒有五属，肿大病毒最严重，
青光眼样 PCR 检，阳性极高乃病毒。
黄金多维增免疫，提高水温病可抑，
降低密度是主措，三黄青叶板蓝根。

注释：

将水温提高到 25 ℃以上，可控制此病的发生。三黄指大黄、黄芩、黄柏。青叶指大青叶。

该病目前尚无特效的治疗方法，病毒的早期检测和诊断是关键，加强养殖的科学管理，建立种苗检疫体系是重要的防控手段。

17 水蛭两病时常见

水蛭俗名叫蚂蟥，蚂蟥食物杂食性，
水生动物为主粮，生活方式嗜吸血。
人工喂养熟蛋黄，动物内脏螺贝虾，
蚯蚓杂鱼植物渣，嗜血最爱当青蛙。
水蛭抗病能力强，水质恶化病照常，
表皮白点泡状物，天敌咬伤细菌染。
肠胃紊乱无食欲，肛门红肿懒活动，
肠胃病用青霉素，黄金多维协助功。
蚂蟥体含水蛭素，干燥制成名药材，
通络化瘀治血栓，辅助治疗用抗癌。

注释：

　　本诗描述的是水蛭白点病和肠胃病。防治方法：提高水温到 28 ℃，将 0.2％食盐水全池泼洒。

第四章　虫害防控

DISIZHANG CHONGHAI FANGKONG

　　本章共 29 首，诗歌对几种主要侵食性害虫，包括水蜈蚣、龙虱、田鳖、松藻虫，以及寄生性害虫，如车轮虫、绦虫、多子小瓜虫、锚头鳋、指环虫、三代虫、斜管虫和河蟹类纤毛虫等所引起的水产动物疾病的发病症状及处置办法进行了描述。另外，把小龙虾、青蛙列为鱼苗的天敌，把美国境内的亚洲鲤鱼、北美洲的斑马贻贝列为破坏生态环境的外来物种，并提出了解决的办法，如蝌蚪则捞而放之。小龙虾打洞的特性对云南哈尼梯田有着潜在威胁，如不加以控制，梯田将是千疮百孔，千年的文化遗产和美景将不复存在；在国外，小龙虾作为外来物种，对当地的生态也是一大破坏。面对生物入侵给当地带来的危害，著者大胆地提出以病毒来控制哈尼梯田的小龙虾、美国境内亚洲鲤鱼的繁衍，利用病毒有益的一面来造福社会，为控制外来物种的入侵提供了一种新的思路。

第一节 寄生虫害

鱼体白点何成因

鱼身多子小瓜虫，镜检白点在游动，
寄生鱼体白点病，体表鳍条白囊拥。
鳃部也是滋生地，下面病灶炎症起，
流出大量分泌液，局部组织有坏死。
病鱼消瘦行动缓，体力不支呼吸难，
反应迟钝游水面，终归衰竭必死亡。
对付这种寄生虫，杀卵杀虫时节控，
一旦池塘虫情重，辣椒干姜齐发动。

注释：

多子小瓜虫生活史为滋养体（寄生阶段）、包囊（离体繁殖阶段）和感染性幼虫（感染阶段）。此病多在初冬、春末发生，尤其在缺乏光照、低温、缺乏活饵的情况下易流行，是危害最严重的疾病之一。

防治方法：将 1.5 kg 生姜，加水熬制成生姜水，按每立方米水体 4 mL 生姜水泼洒。每天 1 次，连续 3 天，间隔 5 天，对防治各阶段小瓜虫具有好的效果。

② 四季害虫锚头鳋

四季害虫锚头鳋，寄生口腔与体表，
鳍条它也不放过，头插肌肉营养盗。
鱼儿焦躁食不安，身体消瘦慢游塘，
寄生部位血渗出，能量耗尽终死亡。
淡水鱼类受其害，杀虫用药敌百虫，
生物杀虫鱼安全，辛硫磷当依鱼用。

注释：

锚头鳋雌虫寄生在鱼皮下、鳍和口腔，雄虫一般不寄生。水体中一年四季均有存在，水温低时，会潜入鱼鳞下越冬，当水温达到 15 ℃左右时就开始孳生。锚头鳋对鱼种和成鱼均可造成危害，尤其对鲢鳙危害最大，可造成鲢鳙鱼种的大批死亡。

预防方法：生物防治的方法可采用猫头鹰 K - MTS 复合抑虫菌或猫头鹰 K - MTS 复合抑虫菌自培的方式，从每年的 4 月份开始连续使用几次，之后每个月使用一次，可控制锚头鳋的繁殖。

防治方法：用 90％晶体敌百虫间歇反复遍洒，使敌百虫的池水浓度为 0.1～0.2 mg/L。目前，锚头鳋对许多药物都产生了抗药性，用阿维菌素和辛硫磷联合用药可取得好的防治效果，但同时要考虑药对敏感鱼的安全性。

辛硫磷对淡水白鲳、鲴毒性大，不得用于大口鲶、黄颡鱼等无鳞鱼。

3 环虫钩鳃不放松

虫害之一指环虫，钩住鱼鳃不放松，

破坏鳃丝增黏液，阻碍呼吸鳃不通。

病鱼鳃部显浮肿，鳃盖张开无力控，

鳃丝变暗体变黑，游离不食生命终。

指环虫用敌百虫，一药兼杀虫多种，

用后最好解解毒，解毒灵它有妙用。

注释：

指环虫对鱼苗侵害的死亡率比较高，指环虫活跃的季节是春末夏初，适宜水温为 20～25 ℃。

防治方法：将 0.1 mg/L 敌百虫全池泼洒。

4 胎中胎叫三代虫

三代虫为胎生殖，成虫孕育算一胎，

胎虫再育一胚仔，顾名思义有三代。

虫体寄生体表鳃，鳃上形成淤血斑，

皮肤似涂白黏膜，鱼儿狂游食不安。

发病头季四月春，杀灭成虫断子孙，

杀虫用药敌百虫，子孙灭在母腹中。

注释：

三代虫共有 500 多种，我国常见有两种：既鲩三代虫和秀丽三代虫。三代虫病主要流行于春季和秋末冬初，最适繁殖水温为 20 ℃ 左右。

防治方法：鱼种放养前，用浓度为 20 mg/L 的高锰酸钾溶液浸浴15～30 min（水温为 10～15 ℃），或用浓度为 10 mg/L 的高锰酸钾溶液浸浴30～60 min，以杀死鱼种上的寄生虫。

5 瓜虫危害寄主宽

瓜虫危害寄主宽，病鱼身上起白点，
华佗无奈小虫何，杀虫药物不敏感。
病鱼体表黏液增，皮肤糜烂鳃贫血，
尾柄尾鳍充血症，局部鳍条有烂裂。
小瓜虫病春秋季，石灰清塘要彻底，
亚甲基蓝虫害治，养殖密度需合理。
小瓜虫耐硫酸铜，虫体藏在包囊中，
大量繁殖有居所，加重鱼病无效功。

注释：

小瓜虫病发病季节为春、秋季，南方初冬也可流行。无宿主特异性，任何鱼类都可侵袭、发病，治疗尚有难度。

防治：将 2 mg/L 亚甲基蓝全池泼洒。

注意事项：不能用硫酸铜或者是硫酸铜与硫酸亚铁合剂杀小瓜虫，因为硫酸铜对小瓜虫不但无杀灭效果反而可使小瓜虫形成孢囊，有利于其大量繁殖，使得病情更加恶化。

6 硫酸铜杀斜管虫

斜管虫它寄鱼鳃，体表同样遭虫害，
患病鱼儿食欲减，体黑消瘦漂水面。
鱼受刺激黏液增，焦躁不安耗体能，
黏液堵鳃难呼吸，导致缺氧而窒息。
发病早春与中秋，水温低于十八度，
杀虫用药硫酸铜，硫酸亚铁功效助。

 注释：

防治方法：①将鱼苗用 2‰ 的食盐水浸洗 5～10 min；②将鱼苗用 8 mg/L 硫酸铜或硫酸铜与硫酸亚铁合剂（5∶2）浸浴 15～30 min。

7 敌百虫杀四钩虫

四钩虫喜寄生鳃，鳃丝灰暗或苍白，
病鱼不安呼吸阻，食减贫血且消瘦。
时而急剧侧边游，摩擦池边体难受，
虫害多发夏秋季，敌百虫把钩虫治。

注释：

治疗：将 0.5～1 mg/L 晶体敌百虫全池泼洒。

8　车轮滚滚一小虫

车轮虫发高温季，寄生鱼鳃体表鳍，

虫体钩住鱼的鳃，上皮组织脱下来。

组织增生黏液增，鳃丝变淡形不整，

病鱼体暗失光泽，食欲不振体失衡。

治疗方法硫酸铜，硫酸亚铁来配伍，

增效降毒双倍功，虫害病症影无踪。

注释：

　　车轮虫的形状酷似汽车的轮胎，因而得名车轮虫。

　　防治：除硫酸铜外，还可采用45％乙撑双代氨基甲酸铵与0.1％阿维菌素的混合溶液，按照每亩每米水深130～150 mL全池泼洒，幼苗用量减半。

9　锥体虫病蛭为媒

锥体虫害四季病，别名昏睡无精神，

病鱼消瘦有贫血，影响发育早防治。

目前没有好药治，敌百虫药杀水蛭，

切断中间蛭为媒，间接杀之阻源头。

注释：

　　水蛭是锥体虫的中间媒介体，杀了水蛭也就控制了锥体虫的发生。

　　防治方法：用敌百虫杀灭水蛭，或用200 mg/L生石灰带水清塘。

10 隐鞭毛虫寄鳃皮

隐鞭毛虫寄鳃皮，病鱼鳃堵难呼吸，
池塘上下狂游姿，导致缺氧而窒息。
生石灰杀寄生虫，放鱼之前来应用，
治疗用上硫酸铜，虫死鱼安病可控。

注释：

除使用硫酸铜而外，还可按照每亩每米水深 2 kg 二氧化氯的用量全池泼洒。

11 球虫病艾美虫引

球虫病艾美虫引，病鱼腹大体色黑，
食欲减退加贫血，肠壁挂着小结节。
危害青鱼鳙鲤鳗，鲱鳕沙丁都受害，
治疗用药硫黄粉，连喂五天虫脱身。

注释：

"沙丁"是指沙丁鱼。

治疗方法：每 100 kg 鱼，用硫黄粉 100 g 与面粉调成药糊，拌入豆饼制成药饵，每天投喂一次，连续 4 天。

12　单极虫病鱼消瘦

单极虫病鱼消瘦，头大尾小无食欲，
体色暗淡泽无光，跃出水面急打转。
治疗用药硫酸铜，甲醛杀虫也消毒，
尽管孢子很顽固，杀灭七成有把握。

注释：

除用硫酸铜而外，还可使用晶体敌百虫，按每立方米水体 0.5～0.7 g
用量，化水全池泼洒，隔 1～2 天泼一次，连泼 3 次。

13　绦虫影响鱼发育

舌状双线绦虫病，病鱼腹大虫寄生，
水面侧游腹朝上，体腔虫体白条状。
虫子影响鱼发育，有的虫体破腹出，
病鱼失去生殖力，骨瘦如柴一命呼。
敌百虫做口服药，三天虫体驱肠道，
南瓜子粉拌料喂，偏方三天也有效。

注释：

"舌状双线绦虫病"是指由舌状绦虫和双线绦虫寄生而引起的疾病。
防治方法：感染初期内服用药治疗，每 100 kg 鱼用 50 g 晶体敌百虫拌料
投喂 3～6 天，喂前先停食 1 天，或每 100 kg 鱼用吡喹酮 2～4.8 g 拌料投
喂 2 次（隔天 1 次）。

14 碘泡虫侵鱼脑损

鲢碘泡虫寄生鱼，各个器官都侵入，
淋巴颅腔与脊髓，疯狂源自脑受损。
病鱼消瘦体色暗，尾巴上翘极不安，
狂游乱跳取食难，死亡之时泥里钻。
治疗方法敌百虫，加强溶氧增抵抗，
投喂盐酸环氯胍，碘泡虫病药可控。

🐟 注释：

外用：每立方米水体用 90% 的晶体敌百虫 0.5～0.7 g，溶解后全池泼洒，隔 2 天泼洒一次，连续泼洒 3 次。

内服：每 100 kg 饲料中加入晶体敌百虫 100 g，每天投喂 1 次，连喂 5～7 天。

15 微孢侵染各器官

微孢子虫个体小，寄生鱼类体细胞，
各个器官功能障，病情严重鱼死亡。
发病泼洒敌百虫，强效配伍硫酸铜，
口服盐酸环氯胍，杀得孢虫影无踪。

🐟 注释：

治疗方法：每千克饲料拌入盐酸环氯胍 1 g 和亚甲基蓝 0.5 g（先在盐酸环氯胍和亚甲基蓝中加入适量水制成溶液，然后混合拌入饲料，1 h 后投喂），3 天喂一次，连喂 10 次为一个疗程，相隔 10 天后再喂第二个疗程。

16 黏孢堵胆胆囊炎

黏孢子虫寄生鱼，病鱼皮黑身体瘦，

体鳃肠胆见孢囊，堵塞胆管胆囊炎。

四季发病时常见，所有鱼类可感染，

消化不良生长缓，重则导致鱼死亡。

治疗用药敌百虫，亚甲基蓝具同功，

泼洒甲醛法其中，加强免疫病可控。

🐟 注释：

　　防治：用 0.1% 浓度的晶体敌百虫浸洗 10 min，或用 10 mg/L 高锰酸钾浸洗 15 min。将 0.2 mg/L 晶体敌百虫全池泼洒；每 1 万尾鱼种用硫黄粉 75 g 拌饵投喂，每天一次，连续 8 天。

17 龙虾披衣黄绿棕

纤毛虫有三类型，累枝钟形斜管虫，

病虾披衣黄绿棕，刺激体表黏液增。

病虾行动迟而缓，外界刺激不敏感，

体瘦体脏甲壳黑，呼吸受阻致死亡。

杀虫用药硫酸铜，黄金多维增抵抗，

口服 3D 强吸钙，换水改底虫无踪。

🐟 注释：

　　"累枝钟形"指累枝虫、钟形虫。龙虾纤毛虫病与水霉病的区别在于：患纤毛虫病的虾体被棕色或黄绿色绒毛，患水霉病的虾体表为白色棉絮状。

　　治疗方法：用新洁尔灭（0.5～1 mg/L）与高锰酸钾（5～10 mg/L）合剂浸洗病虾，或用 0.7 mg/L 硫酸铜与硫酸亚铁合剂（5∶2）全池遍洒。

18 河蟹类纤毛虫病

河蟹类纤毛虫病，夏季发病正流行，

累枝钟形聚缩虫，危害幼蟹最严重。

病蟹身上披绒衣，行动缓慢反应迟，

发育蜕壳受影响，重症幼蟹必一死。

处置办法菌必清，纤毛蛋白变其性，

及时换水缓病情，蜕壳之后一身轻。

注释：

  防治方法：除使用菌必清而外，还可将 0.7 mg/L 硫酸铜与硫酸亚铁合剂（5∶2）或 30 mg/L 甲醛溶液全池泼洒，16～24 h 后换水。

19 咬定蟹卵不放松

河蟹遭遇纤毛虫，咬定蟹卵不放松，

寄生幼体行动缓，全身体色黄绿棕。

摄食减少呼吸难，蜕皮受阻致死亡，

寄生成体鳃头足，还有胸部和腹部。

18～20℃发病期，肥水死水是诱因，

危害最重为幼体，患病成体无价值。

蟹苗入池要消毒，5%盐水来浸浴，

甲醛消杀纤毛虫，新水更换虫方除。

注释：

  治疗：将 5～10 mg/L 甲醛全池泼洒。

20　颡鱼红头何诱因

轮虫寄生皮鳃鳍，皮肤刺激增黏液，
上面呈现出血点，鳃丝充血难呼吸。
颡鱼体瘦无食欲，焦躁不安池狂游，
沿池摩擦似跑马，轮虫不治遭红头。
治疗方法硫酸铜，硫酸亚铁来配伍，
杀虫杀菌双倍功，切记药物三分毒。
杀虫之后解铜毒，用药首选康有维，
泼洒池塘解毒灵，杀虫解毒两兼顾。

注释：

治疗：硫酸铜与硫酸亚铁合剂（5∶2）0.7 mg/L 全池泼洒，用药后要注意观察鱼的活动情况，发现异常应立即换水。

21　黄颡鱼小瓜虫病

瓜虫寄生皮鳍鳃，目观胞囊小白点，
局部鳍条有烂裂，寄生组织当发炎。
黄颡消瘦食欲降，反应迟钝漂水面，
运动失调呼吸难，杂交黄颡最常见。
小瓜虫病春秋季，石灰清塘要彻底，
小瓜虫病瓜虫灵，养殖密度需合理。

注释：

治疗：全池遍洒亚甲基蓝，浓度为 2 mg/L。

22 两药兼杀斜管虫

管虫寄生皮和鳃，

刺激黏液涌出来，

鳃中黏液堵呼吸，

表皮组织遭破坏。

颡鱼体瘦食欲退，

腹部朝上浮起来，

缓慢游动涎透支，

最终导致器官衰。

杀虫用药硫酸铜，

阿维菌素交替用，

药物单一产抗性，

两药兼杀斜管虫。

注释：

本诗描述的是黄颡鱼斜管虫病。防治方法：用1～2 mg/L硫酸铜溶液浸泡鱼体；每立方米水体用硫酸铜与硫酸亚铁合剂（5：2）0.4～0.5 g，加水全池泼洒。

第二节 非寄生虫害及水生动物危害

✑ 一夜食苗十几条

水体害虫水蜈蚣，

本是龙虱的幼虫，

一夜杀苗十多条，

害虫不杀绝苗种。

田鳖又称河伯虫，

捕食鱼苗坑渔农，

放苗之前要清塘，

留其后患鱼苗穷。

松藻虫它像知了，

脑袋大来嘴巴小，

鱼苗是它盘中餐，

食苗害虫必用药。

注释：

水蜈蚣、松藻虫、田鳖等非寄生性害虫的防治方法：除用生石灰清塘外，可按每立方米水体用 90％晶体敌百虫 0.5 g 溶于水中进行全池泼洒。

在产卵的季节，田鳖雌雄交配后，雌性会把卵产到高于水线的水草杆上，随后，为了避免天敌和自然灾害对受精卵的伤害，雄田鳖自告奋勇的担负起了做父亲的职责，主动将卵背在了自己的背壳上，在适宜之处完成孵化。

2 苗池蝌蚪需管控

青蛙产卵池塘育，大头有尾叫蝌蚪，

水中蝌蚪弊端多，与苗争氧夺食物。

凭着头大欺鱼苗，争夺鱼食撵鱼跑，

鱼苗有食不敢吃，骨瘦如柴肚不饱。

若是蝌蚪想吃荤，也把鱼苗活的吞，

渔农这可不答应，杀而灭之才解恨。

吾劝渔农手留情，捞起蛙卵投放生，

稻田孵出小蝌蚪，蛙捕害虫粮丰收。

🐟 **注释：**

在鱼苗养殖期间，池塘中的蝌蚪会与鱼苗抢夺饲料、增加耗氧以及排泄毒素，长成青蛙以后还会吃鱼苗，对鱼苗是有害的，所以在鱼苗养殖期间要做好蝌蚪的管控。

3 鱼苗天敌小龙虾

鱼苗天敌有多种，龙虾吃苗列其中，

清塘使用杀虫剂，发现龙虾用地笼。

🐟 **注释：**

小龙虾在鱼苗池中大量繁殖时会与鱼苗争夺饵料，甚至吞食鱼苗，危害特别大。

防治方法：生石灰清塘，以水深 1 m 计，每亩水面用生石灰 75～100 kg 全池泼洒，效果很好。

4 哈尼梯田虾打洞

外来物种小龙虾，稻田养殖规模化，
产销两旺富渔农，内陆养殖在扩大。
龙虾偶尔入滇池，外来物种令人忧，
哈尼梯田虾打洞，田埂垮塌农民愁。
梯田千窗不关水，作物缺水就枯萎，
梯田风景不再美，只怪龙虾在作孽。
龙虾繁衍能力旺，生存能力适应强，
农药杀之产抗性，人海抓捕灭不光。
受灾农民莫发愁，魔高一尺道高有，
龙虾克星有病毒，传播迅速要复仇。
白斑病毒很安全，人畜生态无悬念，
用后龙虾要绝种，养虾地区严禁用。
龙虾病毒两面性，防病治病都为农，
疫苗用来防白斑，病毒专治虾害虫。

注释：

　　小龙虾有打洞的生活习性，洞深可达 50～80 cm，其宽度也差不多正好就是一个秧田埂的宽度，这对哈尼梯田有着极大的危害。用白斑病毒防治小龙虾是十分有效的办法，但虾蟹养殖区域、白对虾养殖区域要严禁使用。

5 稻田杂鱼夺虾食

稻田池塘小杂鱼，龙虾口中夺食物，
水中龙虾行动缓，吃下残羹乃粪便。
食物匮乏虾互残，不顾亲情螯甲见，
尸骨销迹强补钙，虾儿减产不为怪。
清塘泼洒生石灰，杀死杂鱼无后患，
水体抛洒茶枯粉，专杀杂鱼虾安全。
茶枯粉具多效功，去除线虫聚缩虫，
有助虾蟹快蜕壳，杀死卵蛙胚胎中。

注释：

　　茶枯粉是压榨野山茶油后留下的天然粉渣，含有丰富的粗蛋白、多种氨基酸及茶皂素（15%～18%）等营养物质。

　　茶皂素是一种糖苷化合物，是一种性能良好的天然表面活性剂。茶皂素对动物红细胞有破坏作用，产生溶血现象。但仅对红细胞（包括有细胞核的鱼红细胞、鸡红细胞和无细胞核的人红细胞）产生溶血，而对白细胞则无影响。因此，茶皂素对鱼有毒性作用，而对虾无毒性作用。其溶血机理是茶皂素引起含胆固醇的细胞膜的通透性改变，细胞膜被破坏，进而导致细胞质外渗，最终使整个红细胞解体。

6 亚洲鲤鱼已成灾

亚洲鲤鱼老美呼，鲢鲤青草胖头鱼，
外来物种美国引，清除湖泊藻污物。
水生动植过余旺，鲤鱼繁衍在天堂，
争夺本土鱼资源，生态灾难鱼为患。
亚洲鲤鱼中国种，四大家鱼乃传统，
骨刺多点慢慢品，美国人吃卡喉咙。
鱼多成灾需防控，电网农药齐发功，
垂钓射杀逗着乐，生态破坏自然痛。
亚洲鲤鱼既是鱼，当请中国如来佛，
下旨两道定有效，应验之后祸变福。
病毒杀鱼特异强，生态平衡有保障，
纵横传播断子孙，亚洲鲤鱼控消长。
二道佛旨围打鱼，加工鱼粉走外贸，
质量价格若合理，中国市场能吞吐。

注释：

　　亚洲鲤鱼是美国人对原产地为亚洲的青鱼、草鱼、鳙、鲢、鲫、鲤、鲶鱼等鱼的统称。美国于 20 世纪 70 年代从中国进口这些鱼类，以改善生态，但随着数量的增加，亚洲鲤鱼已经在北美五大湖大量繁殖，危害当地的生态环境。为保护当地的生态，2012 年 3 月，奥巴马政府宣布将斥巨资降低亚洲鲤鱼对五大湖的危害。

7 斑马贻贝何以奈

斑马贻贝产黑海，迁至北美已成灾，
繁育能力超级强，一年倍增好几千。
斑马贻贝喜热闹，折叠群居黏拥抱，
堵塞管道发动机，寄生大贝死难逃。
生态环境遭破坏，加拿大人很无奈，
每年投资五个亿，只求水域阻隔离。
消除贻贝尚有难，生长迅速快繁衍，
化学杀之产抗性，自然死亡臭熏天。

 注释：

防治：用 0.2 mg/L 二氧化氯持续处理 8 天可有效处理斑马贻贝，较低浓度的长期添加也可达到效果。斑马贻贝对氯化钾非常敏感，但需要非常高的浓度，约需要浓度为 600 mg/L 的氯化钾处理 2 天。在国外，不是没有解决斑马贻贝的办法，而是把安全用药、环境保护放在了首位去考虑。

人食用贻贝易引起食物中毒，这不是因为贻贝本身具有毒性，而是贻贝大量摄取了有毒单胞藻，毒素在体内富集，但贻贝自身不会中毒。

第五章 对症下药

DIWUZHANG DUIZHENG XIAYAO

本章分六节，共38首，诗歌将不同类型产品的原理、性能、用途，以通俗易懂、言简意赅、朗朗上口的诗歌形式表达出来，例如，"枯草芽孢酶转化""凝结芽孢适应强""生物长效改底王"……目的就是让渔民更好地掌握用药的原理和要领，对症下药，少花冤枉钱。在水产养殖用杀虫剂、杀菌剂的使用要则方面，有多篇五言诗句，如"辛硫磷无鳞鱼忌""虾鳖不碰菊酯药""氯溴河鳖当规避"……因为，渔药安全使用不仅关系到渔民的切身利益，而且还关系到人民群众的食品安全。

第一节 培藻类产品

水太瘦用藻培素

鱼不肥，水太瘦，鱼要长好有需求。

有益藻，需要培，要培就用有机肥。

注释：

藻培素主要成分为发酵菌肥，功效：能够活化水体有机营养物质，均衡藻相，稳定 pH 值；分解水体残饵、排泄物、生物尸体等有机污染物并消除氨氮、硫化氢、亚硝酸盐、甲烷、二氧化碳等；抑制丝状藻、蓝藻、青苔等有害藻类的繁殖，为鱼虾生长提供一个良好的水生环境。

水体解毒黑殖酸

有机质，黑是黑，原料是本色。

多基团，酸是酸，中和降氨氮。

注释：

黑殖酸主要成分为腐殖酸，是动植物遗骸经微生物的分解和转化及一系列化学过程并积累起来的一类物质，是由芳香族及多种官能团构成的高分子有机酸，具有良好的生理活性和吸收、络合、交换等功能。功效：有效改善红水、黑水、藻类老化、悬浮物多等不良水质，促进藻类新陈代谢，长期维护嫩爽水色；降解底质有机污染物，降解氨氮、亚硝酸盐、重金属有毒离子，调整 pH 值，缓解塘底缺氧并促进有益浮游生物的生长，保持良好水色。

3　发酵产物肥水宝

氨基核酸肥水宝，
益菌益藻鱼儿要，
取之自然活性物，
水肥鱼肥立见效。

注释：

大自然肥水宝主要成分为发酵液和细胞破碎液，富含氨基酸、核苷酸。功效：用于养殖池塘的水质改良，能迅速培植水体有益藻类，恢复健康藻相，并降低养殖水体中的重金属离子、氨氮、亚硝酸盐、硫化物含量。

4　水质调控良种藻

清塘混水藻相倒，
优良藻源很重要，
迅速平衡水生态，
解毒供氧立见效。

注释：

常用的良种藻主要有硅藻和绿藻，良种藻生长速度快，能活化水质，抑制有害藻的大量生长，防止水华的形成；能调节水质，降低水体富营养，提高水体溶解氧，为鲢、鳙提供食品来源。

5 低温能让藻培起

低温培藻膏，

源自粮发酵，

浸提氨基酸，

浓缩用培藻。

早春三月季，

气温还很低，

低温难培藻，

培藻膏给力。

注释：

低温培藻膏功效：除营养物质外，含有植物生长刺激因子，在低温的条件下，能迅速启动和促进硅藻、绿藻等有益藻类生长，保持有益藻类的生长优势和抑制有害藻的生长。作用时间长，在数周内可持续保持水色稳定清爽。稳定水体 pH 值，维持藻相平衡，加速水体中氨氮、亚硝酸盐、硫化氢等的分解利用。

第二节　功能、保健类产品

1　补钙就用盖中钙

虾蟹不蜕壳，鱼儿不长个，
口服盖中钙，强身壮骨骼。

注释：

　　盖中钙功效：补充虾、蟹对微量元素和钙的需求；调节钙、磷平衡，促进钙磷在肠道内的吸收，提高对虾壳硬度和亮度；促进机体几丁质、钙质、脱壳激素的生成，使对虾能按生长周期生长，同步脱壳，避免大小不一，缩短养殖周期；增强对虾食欲，促进硬壳或脱壳，增强免疫力，提高机体抗应激能力。

2　3D 促钙好吸收

补钙老习俗，虾蟹难吸收，蜕壳生死熬，死亡率极高。
3D 强吸钙，钙磷肠吸收，提高免疫力，软壳病无忧。

注释：

　　虾蟹"3D 强吸钙"功效：补充虾、蟹对微量元素和钙的需求，产品含多种促进钙吸收的维生素，相比同类产品，钙的吸收率能提升 50% 以上，对甲壳不能正常硬化、形成软壳或脱壳不利、生长缓慢等现象有很好的效果；调节钙、磷平衡，促进钙磷在肠道内的吸收，提高虾、蟹壳的硬度和亮度；促进机体的几丁质、钙质、脱壳激素的生成，使虾、蟹能按生长周期生长，同步脱壳，避免大小不一，缩短养殖周期；增强虾、蟹食欲，促进硬壳或脱壳，增强免疫力，提高机体抗应激能力。

3 应激处置康有维

各种因素鱼应激，水质恶化是诱因，

天气变化可引起，暴雨过后当小心。

生物制剂防鱼病，调水改水控水质，

各种应激康有维，有效成分高维 C。

注释：

"康有维"产品主要成分为纳米高维 C。功效：具有提高鱼虾免疫力和抗病力、解毒、开胃、助消化、促生长的作用；调节鱼虾机体生理平衡，有效减轻因气候、水质变化和投药等所引起的鱼虾应激反应。

4 乳酸蒜素不伤鱼

大蒜素，味道臭，鱼的肠炎有需求，肠道病菌勿担忧。

抗真菌，抗病毒，蒜中富含硫化物，乃是天然抗生素。

循环增，护神经，鱼在水中游得欢，不见水中打转转。

大蒜素，增食欲，鱼儿取食多引诱，饲料转化很迅速。

乳酸酸，降肠氨，抑制病菌整肠生，肠炎白便不复存。

注释：

大蒜素作用机理：大蒜素为三硫代烯丙醚类化合物，天然存在于百合科植物大蒜的鳞茎中，对多种革兰氏阳性和阴性菌有抗菌作用。大蒜素分子中的氧原子与细菌生长繁殖所必需的半胱氨酸分子中的巯基相结合，从而抑制细菌的生长和繁殖。而且，将大蒜素泼洒于水体对鱼虾没有毒副作用，也可拌料投喂。

5　鱼虾保育喂奶乳

黄颡下塘喂轮虫，鲜活嫩虫苗喜爱，

只因肝胆未发育，吸收功能多障碍。

下塘若是喂奶乳，促进肝胆快发育，

消化吸收代谢快，壮苗提高成功率。

虾苗进入转肝期，开口料理当乳食，

肝胰发育虾健壮，养虾成功是根基。

注释：

"奶乳"是指"开口料理金"产品，其功效为：增强食欲，提高饲料利用率；促进肝脏新陈代谢和胆汁分泌，消除毒素；增强机体免疫力，促进鱼、虾、蟹、鳝、鳗、海参、贝苗期正常发育、对壮苗极有帮助。

在黄颡鱼苗下塘前，传统方法一般都是采用先配轮虫，让幼苗开口吃轮虫生长发育，由于此时鱼苗的肝脏发育极不完善，吃了几天轮虫极容易造成苗的消化不良，故此时需要进行新的一轮杀虫过程，泼洒农药后，鱼苗会有几天不进食，这样也就导致鱼苗的成活率很低，一般在30%左右。使用开口料理金既省去了培虫（病菌的二次污染）、杀虫（农药对鱼苗的严重伤害）、解毒等几个伤鱼、劳心劳力的中间环节，又可使黄颡鱼苗的成活率提高到50%以上。

6 纳米道夫修正液

纳米道夫修正液，肠道病菌病毒抑，
不易产生抗药性，绿色水产有预期。
饲料含有黄曲霉，鱼虾积累伤肠肝，
纳米道夫化肠毒，毒从口入可把关。
肠道伴有腐败菌，蛋白过剩产生氨，
还有吲哚硫化氢，同样也会伤肠肝。
饲料毒素阻入门，肠道毒素化为零，
病毒细菌可防范，纳米道夫管得宽。

注释：

　　饲料黄曲霉素的污染、肠道毒素以及肠道病原微生物的感染（包括弧菌、病毒等），都会引起鱼虾肠道和肝脏、肝胰腺的损伤或功能丧失。患病对虾的临床表现为：肝部发红、凹陷，空肠空胃，拉白便。这种情况一旦发生，大多数虾农不得不排塘。纳米道夫修正液产品具有很好的解毒和抑制肠道病原微生物生长繁殖的作用。

第三节 微生物类产品

1 弧菌克星蛭弧菌

何谓蛭弧菌？细菌侵细菌。

同类吃同属，并非属病毒。

弧菌蛭弧菌，专门吃弧菌。

弧菌再猖獗，一物降一物。

制成杀菌剂，宿主专一性。

无毒无残留，生态可持续。

注释：

蛭弧菌对副溶血弧菌（绿弧菌）、哈维氏弧菌（发光弧菌）等致病弧菌的控制有很好的效果。

2 遮阳肥水孢治苔

水上青苔布满池，治苔早春要及时，

水体遮阳施菌肥，青苔定会早销迹。

注释：

"孢治苔"主要成分为遮蔽材料和功能菌。功效：能够迅速分解残饵、排泄物和其他有机废物；净化水质、均衡藻相，改善水体环境；避免阳光直射池底，抑制青苔的繁殖，减少其对水体中氧气的消耗，间接增加水中的溶解氧。

3 生物长效改底王

淤泥老底病菌多，鱼虾得病避不过，
尽早使用改底王，淤泥病菌无处躲。
产品富含厌氧菌，兼性厌氧产酸乳，
控制底部杂菌起，受益最大底栖鱼。

 注释：

"长效改底王"产品功效：含有大量益生菌，能分解池底的有机沉积污物和底泥，如饲料残渣、青饲料碎片、排泄物和泥皮等，改良底质；降解亚硝酸盐、氨氮、硫化氢、甲烷等有害物质，稳定水体酸碱度，净化水质，保持水质稳定、清爽；抑制塘底有害菌，尤其是弧菌的生长繁殖，特别适用于底栖鱼类。

4 地衣芽孢抑菌强

地衣芽孢益生菌，
肠道依附整肠存，
杆菌肽中起拮抗，
保护肠道禁卫军。

 注释：

地衣芽孢杆菌功效：能产生杆菌肽，抑制病原菌，提高水产动物机体免疫力，降解水体富营养。

5 枯草芽孢酶转化

枯草芽孢酶多种，
饲料转化妙其中，
还能降解富营养，
改善水质立奇功。

注释：

枯草芽孢杆菌功效：对致病菌起到拮抗作用，有利于益生菌的繁殖；抑制有害藻类繁殖，净化水质，改善水体环境；促进有益藻生长，防止水体老化，保持水体清爽；增强水体生态平衡，提高水产动物机体免疫力。

6 凝结芽孢适应强

凝结芽孢产乳酸，
定植肠道抑病菌，
耐酸耐盐且耐温，
淡水海水适者存。
易于培养易保藏，
降低水体富营养，
饲料转化效率高，
水产应用胜枯草。

注释：

"枯草"是指枯草芽孢杆菌。凝结芽孢杆菌也产生乳酸，从生产和保藏的角度来讲，凝结芽孢杆菌要比乳酸杆菌更胜一筹。凝结芽孢杆菌与其他芽孢杆菌一样，是好氧发酵，故在晴天增氧的情况下使用效果更好，而乳酸杆菌则是无氧代谢，在阴雨闷热天气和池塘缺氧的情况下使用对鱼没有影响。

7 乳酸杆菌不耗氧

乳酸杆菌抑菌强，
无氧代谢不耗氧，
不与鱼儿争资源，
雨天泼洒也无妨。

注释：

乳酸菌功效：调节胃肠道菌群、降解肠内毒素；改善胃肠道功能，提高食物消化率和生物效价，促进动物生长；抑制肠道内腐败菌生长，维持微生态平衡，提高机体免疫力等。

8 粪肠球菌吃大粪

鱼粪料渣日月积，
病菌趁机忙繁殖，
快施黄龙粪球菌，
专吃粪渣化危机。
兼性厌氧产乳酸，
降氨解毒定植肠，
抑制水体腐败菌，
雨天泼洒也无妨。

注释：

"黄龙"在诗中意指粪便。粪肠球菌为革兰氏阳性菌，过氧化氢阴性球菌，是人和动物肠道内主要菌群之一。能产生细菌素等抑菌物质，抑制大肠杆菌和沙门氏菌等病菌的生长，改善肠道微环境；能抑制肠道内产尿素酶细菌和内毒素的含量，使血液中氨和内毒素的含量下降。

9　硝化细菌降亚盐

硝化菌它不挑食，挑食专挑亚盐吃。

吃饱喝足亚盐降，一降降到如正常。

若要问它管多久，定比化药要更长。

🐟 **注释**：

"亚盐"是指水体中的亚硝酸盐。

活性硝化菌功效：能改善食物残渣及鱼虾类粪便所引起的水质腐败；能加速池塘底质的有益腐熟，分解水中的亚硝酸盐、硫化氢等有害物质，降低鱼虾的中毒和应激反应。

10　低温菌旺霉焉息

多微益菌力量大，敢与病菌打群架，

外号鱼儿清道夫，协同肠胃促消化。

多微富含低温菌，菌种来源采北极，

冬季防治水霉染，低温菌旺霉焉息。

🐟 **注释**：

低温EM菌产品功效：促进硅藻等单细胞有益藻生长，改善池塘底质，保持水体清爽，防止水体老化。在冬季和早春水温低于10℃时，低温EM菌能迅速生长繁殖，有效抑制早期水体病原微生物（包括水霉）生长繁殖；消除氨氮、亚硝酸盐、硫化氢、甲烷等有毒化合物；保持动物肠道微生物生态平衡，提高机体免疫力。

11 酵母螯合重金属

酵母本用作酒曲，水体用它来除毒，
锌铜铬镉重金属，螯合吸收毒素除。
有氧代谢分解糖，利用碳源作营养，
无氧代谢菌繁衍，降低水体耗氧量。

🐟 **注释：**

"酿酒酵母"产品功效：富含多种氨基酸和维生素等营养物质，促进水产动物的健康生长和发育；改善水产动物胃肠道微生态平衡，提高水产动物机体的免疫力和抗应激能力；富含多种酶类，提高动物的消化能力、提高饲料的利用效率、降解水体重金属。

12 光合细菌多功能

光合细菌六类群，生理代谢多功能，
氧化亚盐硫化氢，固氮固碳净水质。
自身合成不耗氧，消除有毒副营养，
浮游植物生长旺，水中溶氧增大量。
光合细菌添饲料，饲料转化效率高，
提高免疫促生长，充分利用少用药。

🐟 **注释：**

光合细菌是地球上具有原始光能合成体系的原核生物，是在厌氧条件下进行光合作用的细菌的总称，根据所含光合色素和电子供体的不同而分为产氧光合细菌（蓝细菌、原绿菌）和不产氧光合细菌（紫色细菌和绿色细菌）。

13　消除恶臭除臭菌

水体老化发恶臭，有毒气体大气走，
鱼在水中易中毒，渔民为此净犯愁。
有毒气体硫化氢，还有甲烷和氨气，
产自池底老污泥，唯有办法要改底。
毒气解毒除臭剂，专治池底放臭屁，
生物制品很安全，鱼儿健康净空气。

🐟 注释：

　　除臭菌功效：主要成分为纳豆芽孢杆菌类群，能有效去除硫化氢、氨气等恶臭气体；显著降低污水的化学需氧量（COD）和其中氨氮的含量，增强污水的净化速度和能力；有效抑制腐败菌的腐败分解而转向发酵分解，产生的有机酸类物质能对氮氧化物、硫氧化物进行降解（分解）吸收和固定。

第四节　化学类调水产品

1　大雨浑水立水净

今天投，明天清，可视池底有多深。

净水质，抑病菌，净水抑菌双功能。

🐟 注释：

"超级立水净"产品主要成分为聚合大分子化合物等。功效：加速有害物质的沉降，抑制有害浮游生物的生长和有害藻类的繁殖，净化水体；稳定水体 pH 值，调节不良水色，补充微量营养元素，维持水体生态平衡；持续暴雨天气时使用能有效提高池水透明度，并预防因水质变化引起的应激反应；养殖后期水质老化，透明度低时使用，能显著提高透明度，使水质活、嫩、爽。

2　缺氧紧急立用它

鱼浮头，莫犯愁，迅速增氧是举措。

氧氧氧，底氧吧，鱼儿缺氧立用它。

🐟 注释：

"底氧吧""氧氧氧"两个产品的主要成分为过碳酸钙。功效：快速增加水体溶解氧，缓解游塘和浮头现象；提高水体载养能力，避免鱼虾产生应激反应；可以明显增强肥水制剂、微生物制剂的使用效果。

3　水体解毒爽水宝

氨氮硝盐似毒霜，毒霜解毒有良方，

马上使用爽水宝，水爽鱼爽人也爽。

注释：

"解毒爽水宝"产品功效：主要含有还原剂，对含氯药物、重金属盐、强氧化剂、农药以及杀虫剂具有良好的解毒作用；强力降解并清除水中的氨氮、硝酸态氮、硫化氢、甲烷等有害物质；稳定水体 pH 值，保持水体嫩爽。

4　池塘解毒多兼顾

氨氮硝盐重金属，池塘急需来解毒，

柠檬果酸有机酸，化解毒素很迅速。

注释：

"池塘解毒灵"产品功效：能够加速降解、络合养殖水体中残饵、生物排泄物和代谢废物中的有毒有害物质，解除其毒性，尤其能降解氨氮、亚硝酸盐、硫化氢等有害物质；有效钝化水中及动物体内铅、汞、铜等重金属，消除和缓解因卤素、重金属、季铵盐、抗生素、农药等对鱼虾蟹造成的中毒反应，增强鱼虾免疫力，提高抗应激能力。

第五节 化学类杀虫杀菌剂

1 聚维酮碘更安全

鱼与病菌水相依，池塘消毒似隔离，
聚维酮载缓释碘，无鳞鱼用更安全。

🐟 注释：

作用机理：聚维酮碘是元素碘和聚合物载体相结合形成的疏松复合物，聚维酮起载体和助溶作用。它是广谱的强力杀菌消毒剂，溶于水后释放出游离碘，氧化病原体原浆蛋白的活性基团，并能与蛋白质的氨基结合而使其变性，对病毒、细菌、真菌及霉菌孢子都有较强的杀灭作用。

2 敌百虫药当知晓

敌百虫药杀谱宽，使用不当鱼塘泛，
尤其慎用生石灰，遇碱生成敌敌畏。
虾类鳜鱼和白鲳，高磷药物极敏感，
肌肉兴奋致痉挛，中毒之鱼打颤颤。

🐟 注释：

敌百虫学名二甲基-(2,2,2-三氯-1-羟基乙基)磷酸酯，属于有机磷农药磷酸酯类型的一种。其杀虫机理是抑制虫体内胆碱酯酶的生物活性，使其乙酰胆碱在虫体内积累，引起虫体肌肉兴奋、痉挛，最终麻痹死亡。

敌百虫对引起鱼鳃病和皮肤病的车轮虫、指环虫、三代虫、中华鳋、鱼鲺、锚头鳋的幼虫具有杀灭作用，池塘用药剂量为 $0.2 \sim 0.5 \, \text{mg/L}$。白鲳、鳜鱼、青虾、克氏原螯虾对敌百虫等有机磷农药极其敏感，微量就可导致死亡。

3　虾鳖不碰菊酯药

菊酯药杀虫，鲢鳙鲫慎用，

低温毒性大，虾鳖不要碰。

🐟 **注释：**

菊酯作用机理：菊酯是一种能够有效杀死蚊蝇、害虫的农药，种类很多，有氯菊酯、胺菊酯、氯氰菊酯、溴氰菊酯等。它具有触杀、胃毒和驱避的作用，作用于神经细胞轴突部位，延缓轴突膜内外 Na^+ 门开闭，影响 Na^+、K^+ 的通透性或产生毒素，引起组织细胞病变等，使昆虫致死。除此而外，青虾对菊酯类药物、硫酸铜敏感，池塘杀虫和消毒禁用。

4　观赏鱼药当慎之

观赏红锦鲤，消毒切要记，

溴铵戊二醛，死鱼在眼前。

观赏鱼病抗生素，水霉佳药孔雀绿，

细菌病害亦好控，观赏鱼乃不食鱼。

🐟 **注释：**

"溴铵"指苯扎溴铵。"孔雀绿"指孔雀石绿。孔雀石绿有"三致性"，食用鱼严禁使用。

5 水体消毒菌必清

苯扎溴铵戊二醛，水体消毒范围宽，

细菌真菌和病毒，水霉同样被清除。

注释：

"菌必清"产品主要成分为苯扎溴铵和戊二醛。苯扎溴铵又名新洁尔灭，对水体中多数革兰氏阳性菌和阴性菌具有很强的杀灭作用，一般在数分钟就有作用；但对病毒的灭活能力弱，对结核杆菌、霉菌和炭疽孢子不起作用。戊二醛消毒液是一种新型、高效、低毒的中性强化消毒液，可杀灭水体中的细菌营养体、芽孢、真菌、病毒，具有广谱、高效、低毒、使用安全、腐蚀性小、稳定性好等特点。"苯扎戊醛二合一"是指苯扎溴铵与戊二醛按比例复配而成的一种水体消毒剂。

6 辛硫磷无鳞鱼忌

杀虫辛硫磷，鲳鲷有毒性，

大口鲶严禁，无鳞鱼大忌。

注释：

辛硫磷杀虫谱广，击倒力强，在渔业中，主要用于杀灭寄生虫，如锚头鳋、中华鳋、鱼鲺、指环虫等。其作用机理是抑制害虫胆碱酯酶活性，以触杀和胃毒作用为主；不能与碱性物质混合使用，见光易分解，最好在夜晚或傍晚使用。注意辛硫磷不得用于大口鲶、黄颡鱼等无鳞鱼，对淡水鲳、鲷鱼毒性大。

7　氯溴河鳖当规避

氯溴消毒剂，河鳖当规避，

水质肥沃时，缺氧致泛池。

 注释：

　　氯制剂作用机理：氯制剂溶于水后生成强氧化剂次氯酸，使细菌细胞中的酶失活而死亡，同时次氯酸放出活性氯和初生态氧，对细菌产生氧化和氯化反应，起到杀菌、消毒等作用。河鳖对氯溴消毒剂敏感，应慎用。

8　阿维菌素量要均

阿维菌素液，泼洒要均一，

鲢鲫导死亡，贝类当小心。

注释：

　　阿维菌素作用机理：阿维菌素是大环内酯类杀虫剂，在剂量较高时，对鱼有较大的毒性。由于阿维菌素在水体溶解和扩散缓慢，易于造成水体上层鱼类的死亡。白鲢和鲫鱼对阿维菌素敏感，用药时，水温最好高于18℃，开增氧机，一次用药分上午下午两个时间段泼洒，既达到杀虫效果，又不会对鱼造成伤害。如用药浓度不当，或泼洒不均一，都会造成鲢、鲫鱼等鱼类的死亡。

9 阿维菌素鲢鲫避

阿维菌素杀虫剂，鲢鲫敏感慎用之，
若是剂量不当时，鱼死沉底再浮起。
中毒要用解毒剂，迅速泼洒解毒灵，
应激处置康有维，化解死鱼来得及。

10 杀虫杀菌硫酸铜

杀虫消毒硫酸铜，丝状绿藻亦可用，
硫酸亚铁来配伍，降低毒性双倍功。
硫酸铜要温水溶，高温溶解效无功，
无鳞鱼儿很敏感，防止中毒应慎用。
三十天虾严禁用，贝类鳜鱼属其中，
烂鳃鳃霉不要使，有利有弊硫酸铜。

 注释：

　　硫酸铜药理作用：由于铜离子能破坏虫体内还原酶系统活性，阻碍虫体代谢，故具有驱虫的作用。

　　硫酸铜常用来杀灭寄生在鱼体的鞭毛虫、纤毛虫、车轮虫等害虫，也可用来抑制池塘中过多的蓝藻及丝状绿藻的生长，还可以杀灭真菌和某些病原细菌。对于淡水鱼来说，使用剂量一般情况下不大于 0.7 mg/L，在生产实践中常将 0.5 mg/L 的硫酸铜与 0.2 mg/L 的硫酸亚铁搭配使用，既可提高药效又能降低鱼中毒的危险。

　　硫酸铜与硫酸亚铁合剂：用药后注意增氧，瘦水塘、鱼苗塘当减少用量；贝类禁用，30 日龄内的虾苗禁用；广东鲂、鲟、乌鳢、宝石鲈慎用。

第六章　感悟与展望

DILIUZHANG GANWU YU ZHANWANG

　　本章分三节，共38首。

　　感悟部分有13首，代表作有"渔民亟待进商保""渔民期盼好政策""渔夫打鱼风波里"等，作此章的目的就是为渔民做点微不足道的事，即以诗歌呼吁"养鱼要政策""渔业进商保"，以减轻渔农因天灾、不可抗的鱼病带来的经济损失，更好地调动和发挥渔农养鱼、养好生态鱼的积极性。吃安全鱼是每个消费者关心的问题，诗歌中列举了多种水产养殖过程中的违禁药，其目的是帮助消费者分辨和知晓，虽然国家对这类违禁药物进行了严格的管控，但暗地违规者仍常见报端，且抗生素的滥用最为突出，时有发生，要严控也是任重而道远。

　　展望部分有25首。许多病毒病不好防不好治，也是目前水产行业的难点和痛点，广大渔民正翘首以盼科技发力去解决他们面临的问题。随着科技的进步和对环境保护的迫切要求，未来我国的养鱼模式还会发生新的变化，"养鱼工厂化、管理科学化、鱼病进医保、渔农进商保"都会逐步实现。如按照这一新的思路和养殖模式去发展，可以极大地节约水资源、减少污水的排放、提高单位产量，既保证了鱼的合理用药，又减少了抗生素的使用，还可有效地调动养殖投资人的积极性。我国水产疫苗的产业化进程尤其是抗病毒疫苗较国外还有很大差距，但近些年来，某些细菌疫苗、病毒的口服亚单位疫苗、DNA疫苗、RNA干扰的研究已有了很好的研究进展和工作基础，这些研究成果有望实现产业化，为广大渔民做出科技工作者应做的贡献。

第一节 感 悟 篇

∕ 渔农亟待进商保

饲料价格往上飙，草鱼不敢喂饲料，
喂点麦子成本低，价钱保本就卖掉。
渔民心情此时焦，鱼价不升心中毛，
去年存鱼还未卖，压塘综合成本高。
鱼要发病得用药，花钱那是少不了，
盼着鱼价走牛市，卖个好价亏得少。
明年渔民要转行，香莲种植比鱼强，
不喂食来不喂药，空闲打点小麻将。
产量不能过余剩，鱼少价涨依行情，
买个鱼儿三思行，渔民增收才可能。
若是当年鱼市好，来年还把渔业搞，
渔民利亏不怨谁，期盼渔业进商保。

🐟 **注释：**

本诗因 2015 年市场鱼价低迷而写，尤其是四大家鱼，2014 年的鱼到 2015 年年底还没有卖出去，3.5 kg 以上的草鱼市场价仅稍高于 8 元/kg；2~2.5 kg 的白鲢才 3.2 元/kg，真是鱼价成了白菜价。

② 景湖禁渔归自然

市区景湖风光美，傍晚市民来聚会，

大妈跳起广场舞，歌声优美让人醉。

突然一天鱼泛塘，湖面一片白茫茫，

臭气熏到几里*外，大妈捂鼻哪敢来。

景湖应该禁放鱼，市民有个休闲处，

种植水草归自然，风景优美好乐园。

🐟 **注释**：

目前，已禁止在景湖养鱼、禁止投肥投料。栽种沉水植物，是恢复生态、回归自然的一个好的开端。然而，长此以往，水草过多，冬天势必会腐烂，同样会使水体富营养；当气温、水温上升，会导致水藻的疯长，蓝藻一旦暴发，形成水华，同样会带来环境污染、生态灾害。因此，适量投放草鱼、白鲢，以降低草的密度、清除腐烂的草屑和藻类，也是维持水生态平衡必不可少的重要环节。景湖死鱼的场景是2015年某市景观内湖的真实写照。

---

* 里为非法定计量单位，1 里＝500 m。

3 巢湖蓝藻何时了

巢湖年年发蓝藻，沿岸恶臭年年闹，

蓝藻究竟何成因，管控无奈议纷纷。

人口过密污水排，氮磷居高生态灾，

遇到高温暴水华，腥风恶臭扑面来。

治理蓝藻栽沉草，多微菌群夺氮磷，

湖底改良厌氧菌，螺丝河蚌清淤泥。

预防赶在冬春季，低温芽孢耗氮磷，

乳酸杆菌产乳酸，蓝藻岂有可乘机？

 注释：

巢湖，八百里湖光山色、清波秀水与千年名刹交映成辉，是中华大地上一颗璀璨的明珠。然而，巢湖的蓝藻问题由来已久，沿岸居民"吃蓝藻水闻巢湖臭"，深受其扰。2018年7月29日，巢湖湖心区和西北岸出现局部性蓝藻水华，水华面积约121.38平方千米，占巢湖水域面积的15.9%，日处理藻水量达5 000吨。

"沉草"是指沉水性植物。

4　零星打鱼不死鱼

拉网搅动老池底，污泥病菌伴身起，
水体缺氧鱼应激，打鱼死鱼不为奇。
拉网之前康有维，合网之时氧氧氧，
拉网之后立水净，刮伤消毒菌必清。
拉网一套组合拳，零星打鱼鱼不死，
渔民兑现临时急，孩童有了报名钱。

注释：

打鱼后，鱼池底部淤泥被搅起，水中悬浮颗粒大大超出鱼的承受力，导致鱼鳃被堵、缺氧、应激，加上病原微生物的泛起，很容易造成打鱼后的死亡情况发生，尤其在夏季。因此，在打鱼的过程中，采取净水、增氧、抗应激、消毒的措施，打鱼不死鱼已不再成问题。

5　渔民期盼好政策

今年鱼价小白菜，七斤草鱼四块卖，
五斤鲢鱼一块六，渔民焦急在等待。
欠了饲料款未结，欠了药钱要还债，
鱼价不长养鱼亏，渔民急盼牛市来。
农民种田有补贴，渔民养鱼就冇得，
种田养鱼都姓农，期盼出台好政策。

注释：

"七斤草鱼四块卖"是指7斤重的草鱼，每斤卖4元钱；"五斤鲢鱼一块六"是指5斤重的鲢鱼，每斤卖一元六角钱，把鱼卖成了白菜价。目前，国家还没有出台针对渔业的统一的补贴政策，渔民养鱼风险很大。

6 辽宁海参水面漂

辽宁海参水上漂，

罕见遭遇高温季，

持续高温无遮蔽，

钻进泥沙烫破皮。

水体遮阳培绿藻，

栽种沉底绿水草，

经常泼洒黑殖酸，

适当投喂应激料。

科学选育抗温苗，

高温来临仁丹药，

化皮协防用参奥，

防暑降温参不漂。

注释：

2018 年的夏季，罕见的持续 40 ℃高温袭击，对于辽宁养参人来说简直就是一场噩梦。每个养殖户的损失为几百万至几个亿，整个产业损失高达几百亿，只有用惨惨惨来形容！由此，千呼万唤渔业进商保！

"参奥"为预防参化皮的一种免疫复合调节剂。

7　甲鱼禁用雄激素

甲鱼味美受推崇，养殖利益有驱动，
饲料里面添激素，其名甲基睾丸酮。
激素刺激长得快，代谢紊乱很快衰，
危害到底有何在，害鱼害人道由来。
雄甲苗子吃激素，百克就达性成熟，
昼夜亢奋耗精髓，雄具外露风流鬼。
雌甲吃了激素食，产卵成活都很低，
卵子也是畸形多，性别难分雄和雌。
若是成雄则好斗，相互抓咬即吃醋，
伤害身子细菌染，雄风不在阶下囚。
激素不随粪便排，残留体内存起来，
人吃过后必受害，伤天害理不应该。

🐟 **注释**：

甲基睾丸酮，英文名称：Methyltestosterone，属激素类药物，在水产动物体内代谢慢，其残留物可能会引起孕妇早孕的反应及乳房肿胀，大剂量导致女胎男性化和畸形胎的产生，引起新生儿溶血及黄疸症状。替代品有黄霉素、甜菜碱、肉碱（肉毒碱、L-肉碱）等。

8 孔雀石绿严禁止

鱼得病来抗生素，积累鱼体有残留，

滥用药物事频发，绿色壁垒出口阻。

两起事件多宝鱼，孔雀石绿被检出，

呋喃西林难逃责，两者都具三致毒。

禁药使用属违法，禁药销售应严打，

养殖追踪二维码，市场销售工商查。

许多鱼病不好治，没有特效药物医，

水霉真菌孢子虫，解决唯有靠科技。

多宝鱼有病毒病，全身都是红斑疹，

抗生素它不管用，疫苗研制要跟进。

注释：

　　多宝鱼学名为大菱鲆，原产于欧洲大西洋海域，是世界公认的优质比目鱼之一。孔雀石绿（Malachite Green）是一种人工合成的三苯基甲烷类工业染料，在水产养殖中用来杀灭体外寄生虫和防治水霉病，由于孔雀石绿在水体环境和鱼体内残留的时间长并具有"三致"性，一些发达国家及我国均禁止孔雀石绿作为人类食用鱼类的兽药来使用。替代品有氯制剂、溴制剂、亚甲蓝、甲苯咪唑等。

9　呋喃西林有三致

呋喃西林抗生素，国家严禁再使用，

人体残留两年余，胎儿畸形成元凶。

有人竟敢用水产，多宝鱼染销餐馆，

食品安全有人查，生产销售法律管。

注释：

　　呋喃西林（Furacilin）是一种人工合成的广谱抗菌消炎药物，十年前，该药物在畜牧、水产养殖都曾广泛应用，随着科技的发展，后发现呋喃西林及其代谢物在动物源性食品中的残留可以通过食物链传递给人类，长期摄入会引起各种疾病，包括对人体有"三致"等副作用。美国、澳大利亚、加拿大、日本、新加坡、欧盟等已明文规定禁止在食品工业中使用该类药物，并严格执行对水产中硝基呋喃的残留检测。日本已明文规定呋喃类药物在动物源性食品中不得检出。我国在 2002 年 3 月由农业部发布的《食品动物禁用的兽药及其他化合物清单》中将呋喃西林列为禁用药。

　　呋喃西林残留物可引起溶血性贫血、多发性神经炎、眼部损害和急性肝坏死等病。替代品有二氧化氯、二氯异氰尿酸钠、三氯异氰尿酸等。

10 香蕉鱼儿色过渡

鱼贩购鱼看颜色，大小色泽分级别，
黄颡鱼市就如此，色好个大好价格。
黄颡黑身香蕉鱼，黑身需要黄色素，
香蕉鱼儿色过渡，怎叫渔民去把握。
鱼的颜色多有因，水质种苗和疾病，
饲料添加黄色素，喂多喂少规律寻。

 注释：

黄颡鱼身体呈黄色是由于黄色素（叶黄素）沉积，而黄颡鱼本身不具备合成叶黄素的能力，故而其必须从饵料中摄取。饲料中添加的叶黄素过多会导致黄颡鱼背侧、腹部黄色素大量沉积，脂鳍颜色偏黄，但其鱼体状况，内脏情况正常。

11 对虾龙虾吉水地

虾蟹养殖吉水地，关公快刀磨刀矶，
养殖示范带农户，全新模式靠科技。
脱毒龙虾苗上市，白斑病毒可控制，
高密养殖白对虾，土池亩产八百斤。
正宗螃蟹梁子湖，红鱼鳜鱼野生鳖，
龙虾白虾大白刁，满汉全席名贵鱼。

 注释：

"关公快刀磨刀矶"是指三国时期关羽曾逗留和磨过刀的地方，后人在此起名磨刀矶村。磨刀矶村属湖北鄂州梁子湖区管辖。

12　渔夫打鱼风波里

渔夫凌晨打鱼忙，鱼车满载赶市场，
鱼到市场天朦亮，鲜活价好是期望。
人们五更在梦乡，耳里如闻叫卖声，
清晨提篮买鲜鱼，心中念念渔夫恩。

注释：

养鱼人、打鱼人十分辛苦，为了尽可能减少鱼、虾的应激反应、尽可能早点把鲜活的鱼虾送到市场，渔民大多是在凌晨打鱼，春夏季时，蚊虫叮咬，冬季时，全身冻得冰凉，其辛苦可想而知。用宋代诗人范仲淹的一首《江上渔者》来形容，便知从古到今都如此："江上往来人，但爱鲈鱼美。君看一叶舟，出没风波里"。

13　水灾无情人有义

大水冲垮龙王庙，鱼遇大水龙门跳，
水漫金山池成湖，养鱼何时进商保？
受灾之后靠自救，政府企业来扶助，
送苗送药微薄力，水灾无情人有义。

注释：

2016年7月前后，湖北地区因暴雨造成的水灾给养殖户带来了很大的经济损失。灾情过后，鄂州市政府有关部门为农户免费送鱼苗，企业免费为农户送调水制剂，体现了新时代的鱼水情深。

第二节　工程疫苗、重组药物

1　防病排毒苦瓜素

基因重组苦瓜素，防病排毒两兼顾，
病毒细菌它不怕，将来水产好药物。

 注释：

MAP30（Momordica anti-HIV Protein of 30KD，MAP30）是从苦瓜果实和种子分离得到的一种分子量大小为 30KD 的蛋白质，属于Ⅰ型核糖体失活蛋白。该蛋白质家族能够作用于核糖体 28SrRNA，使细胞内核糖体失活，从而不可逆的抑制细胞蛋白质的合成。大量研究显示，MAP30具有广谱抗细菌、抗病毒和抑制肿瘤细胞的生长的功能，对人正常细胞无毒副作用，具有很好的应用前景。

2　新型广谱抗菌肽

基因重组抗菌肽，弧菌身上把洞开，
阻断病毒传染源，将来新药指日待。

注释：

抗菌肽在生物界中分布极为广泛，从低等生物如细菌、真菌、病毒到较高等生物如植物、昆虫、两栖类动物再到人类，几乎所有的生物种属中均有发现。

研究发现，抗菌肽具有高效广谱的杀菌活性；某些抗菌肽对真菌、病毒和原虫也有明显的杀伤作用，而且对癌细胞和实体瘤有攻击作用，但不破坏正常细胞。由于抗菌肽的作用机理特别，病原微生物几乎不能对其产生抗药性，因此作为新型抗生素药物具有广阔的开发应用前景。

3　标记示踪凝集素

重组免疫凝集素，信号识别糖为媒，

凝结细菌和病毒，免疫细胞吞噬物。

 注释：

　　凝集素（Lectin）是广泛存在于各种植物、动物中的糖蛋白或结合糖的蛋白。无脊椎动物凝集素的功能有：①识别病原体，②凝集革兰氏阳性菌、阴性菌、真菌等，③激活酚氧化酶系统，④参与细胞免疫反应：吞噬作用、包封作用，⑤抗细菌、抗真菌、抗病毒活性。病毒感染无脊椎动物后抑制了包括多酚氧化酶系统、抗氧化酶系统、抗菌肽等免疫因子的转录表达与抵御反应，降低机体的免疫水平。因此，想要抵御病毒的入侵，必须首先阻止病毒的感染或者激活免疫反应提高机体免疫水平。

4　增产增收生长素

基因重组生长素，基因源自不同鱼，

鱼虾吃后增长快，没有副效和残留。

 注释：

　　鱼类生长激素（Fish growth hormone）是由鱼脑垂体合成和分泌的一种多肽。主要功能：能促进鱼体生长和发育，提高饵料中蛋白质转化效率，促进机体内蛋白质的合成，促进肝糖原的消耗和增强对碳水化合物的利用能力，在水产领域里有较高的应用价值和市场前景。

5 鳝鳅禁用喹乙醇

喹乙醇有三致性，水栖动物已严禁，
添加鳝鳅饲料中，违规违法警钟鸣。
虽说抗病助生长，鳝鳅减少抗低氧，
运输途中死得多，有毒饲料得提防。
鳝鱼天然生长素，生物蛋白亦无毒，
促鳅鳝鳗助生长，生态安全保人畜。

注释：

喹乙醇药理作用，促进蛋白同化，促进动物生长；对革兰氏阳性菌和阴性菌具有抗菌作用，对其他病原微生物也具有抑制作用。由于已发现喹乙醇有"三致"（致癌、致畸、致突变）性，国内外已禁止动物使用。替代品有黄霉素，基因重组的口服鳝生长素也具有应用前景。

6 口服疫苗不打针

池中鱼虾万万条，免疫接种打疫苗，
打着打着手抽筋，群体免疫需革新。
口服疫苗真神奇，疫苗带上注射器，
穿过肠子进血液，抵抗病原产免疫。

注释：

跨膜域（PTD）是一类小分子多肽，一般小于20个氨基酸，精氨酸丰富，带强正电荷，能够携带核酸、多肽、纳米颗粒、siRNA甚至病毒粒子穿过细胞膜进入细胞。其作用机理有两种模式：①内吞作用（需要能量）：与细胞膜静电相互作用，激活细胞膜的通透性；②直接易位（不需要能量）：直接的膜渗透或者PTD以跨膜电位为动力穿过磷脂双分子层。

口服疫苗是通过基因工程的方法先合成PTD-目的蛋白基因，再由基因克隆表达由PTD携带的目的蛋白，该工程蛋白具有口服跨肠膜的功能。

7　对虾也得侏儒症

对虾造血坏死病，虾儿酷似侏儒症，
病毒可以经卵传，幼虾终身带病原。
该病是种慢性病，一时不会显病情，
个体差异很明显，水质不好成诱因。
虾儿起初食不进，上下漫游逐下沉，
死虾空腹体浅蓝，有的尸首不完整。
口服疫苗正在研，免疫切断传播源，
生长素助一臂力，防病助长双管全。

注释：

　　虾传染性皮下及造血细胞坏死病毒（IHHNV）能经卵传播，种苗基因检测十分重要。在我国沿海对虾养殖中，该病已上升为仅次于白斑综合征的主要病害。目前，IHHNV 有与白斑综合征病毒（WSSV）合并感染的趋势，一旦发生，势必排塘。

8　白斑矮小二联姻

白斑矮小残缺症，两种病毒不同源，
白斑病毒死亡急，造血坏死死亡慢。
对虾发病新趋势，白斑矮小同发生，
防不胜防二联姻，养殖成否碰碰运。
二联疫苗在研制，口服途径不打针，
刺激虾体产免疫，虾求协防送瘟神。

注释：

　　"WSSV-IHHNV"为白斑综合征病毒—虾传染性皮下及造血细胞坏死病毒。使用"虾求"生物制剂具有提高免疫力，在早期起到协同阻止病毒感染的作用。

9 草鱼免疫少费神

草鱼有种出血病，始作俑者病毒因，
草鱼青鱼受其害，死鱼每亩上百斤。
口服疫苗在研制，不用打针很省事，
刺激机体产免疫，只待疫苗早问世。

注释：

草鱼出血热病毒（GCHV）是草鱼出血热病毒病的病原体。

TAT-VP7-TAT 即 VP7 蛋白分子两端都加有 TAT 跨膜域，每个跨膜域序列中包含 6 个精氨酸和 2 个赖氨酸，带有高度正电荷，该工程蛋白既能封闭肠道病毒感染受体，也能进入鱼体刺激机体产生细胞免疫和体液免疫，主要用于 GCHV-I 的防预。

10 鳜鱼虹彩病毒病

鳜鱼虹彩病毒病，四到十月大流行，
病鱼多处有充血，眼珠突出往外伸。
肝脏脾肾都肿大，上面出血点子麻，
肠壁充血有腹水，肠内黏物伴粪渣。
濒死病鱼鳃丝白，体表由白变为黑，
呼吸困难体失衡，张开嘴巴呼救命。
这种瘟疫将有招，阻断病毒有疫苗，
抗生素药喂鲮苗，鳜吃鲮苗药有效。

注释：

中山大学生命科学学院翁少萍副教授等针对鳜传染性脾肾坏死病做了灭活疫苗，已于 2019 年 12 月被批准为新兽药（农业农村部公告第 253 号）。

11　鲑疱病毒核酸药

鲑鱼淡水可养殖，得了疱疹病难除，

抗生素来不管用，核酸药物将必须。

🐟 **注释：**

鲑鱼是三文鱼、鳟鱼和鲑鱼的统称，我国淡水化养殖三文鱼、鳟鱼都很成功。

"核酸药物"是指采用 RNA 干扰技术而研制的抗鲑鱼疱疹病毒的核酸药物，已进入试验阶段。

12　愈鳖再活一万年

甲鱼粗脖腮腺炎，虹彩病毒药物研，

基因沉默病毒消，愈鳖再活一万年。

甲鱼发病腮腺炎，瘟神病毒在发难，

核酸药物送瘟神，未来药物待期盼。

🐟 **注释：**

甲鱼红脖子病由甲鱼虹彩病毒（STIV）引发。该病毒由深圳动植物检疫局水生动物病重点实验室陈在贤、郑坚川、江育林于 1997 年分离并报道。

"基因沉默"是指采用 RNA 干扰技术而研制的抗甲鱼虹彩病毒的核酸药物，已进入试验阶段。

13 白斑病毒现原形

对虾白斑综合征，白斑视为病毒病，
龙虾白斑同根生，但没白斑不好诊。
白斑诊断试剂条，定性检测很重要，
简单快速八分钟，白斑病毒漏不掉。

注释：

与免疫学 ELISA 检测方法、PCR 基因检测法相比，胶体金检测试剂条具有简便、快速、灵敏度高等特点，对白斑综合征的早期诊断和指导用药具有重要的应用价值。

14 VP 筑墙难入侵

病毒疫苗在创新，白斑病毒遇克星，
口服疫苗很给力，VP 筑墙难入侵。
小小龙虾五月瘟，白斑病毒是主祸，
口服疫苗将突破，专治病毒非传说。

注释：

"VP" 是指用对虾白斑综合征病毒（WSSV）囊膜蛋白 VP28 研制的基因工程口服亚单位疫苗，TAT - VP28 重组蛋白可与虾肠道细胞受体结合，形成阻碍病毒感染的屏障，也可进入虾体刺激产生抗白斑病毒（WSSV）的非特异免疫反应。

15　DNA 疫苗管时长

白斑病毒疫苗研，DNA 疫苗管时长，
鲑鱼疫苗已上市，美加科技走在前。

注释：

DNA 疫苗又称核酸疫苗，是将编码某种抗原蛋白的外源基因（DNA或 RNA）直接导入动物体细胞内，并通过宿主细胞的表达系统合成抗原蛋白，诱导宿主产生对该抗原蛋白的免疫应答，以达到预防和治疗疾病的目的。DNA 疫苗具有效果好、免疫持续时间长等特点。

2005 年 7 月 18 日，美国农业部批准了预防马西尼罗病毒感染的 DNA疫苗（West Nile-Innovator DNA）上市，这是世界上首个获准上市的DNA 疫苗，是 DNA 疫苗研究史上的一个里程碑。在随后的 2 年里，美国和加拿大又先后批准了 2 个动物的 DNA 疫苗上市，如美国批准了马用西尼罗河脑炎病毒 DNA 疫苗上市，加拿大批准了鲑鱼用传染性造血组织坏死病毒 DNA 疫苗上市。

16　螃蟹颤抖快来救

螃蟹颤抖似哀求，病毒来袭快来救，
核酸药物病毒清，螃蟹横行仍依旧。

注释：

螃蟹颤抖病又叫河蟹抖抖病，是当前危害河蟹最严重的一种疾病，我国将其列为三类动物疫病，与其病症相关的病毒有两种，一是中华绒螯蟹小核糖核酸病毒，另一种是中华绒螯蟹呼肠孤病毒。该核酸药物是指采用RNA 干扰技术而研制的抗中华绒螯蟹呼肠孤病毒的核酸药物，已进入试验阶段。

17 桃拉病毒断子孙

对虾桃拉红体症，红体也可弧菌引，

表观两者难区分，基因诊断辨得明。

桃拉病毒传播快，死亡极高成灾害，

若是处理不及时，排塘也是很无奈。

核酸干扰新进展，病毒转录被阻断，

有望成为新药物，渔民早就有期盼。

 注释：

桃拉病毒，简写为 TSV。

RNA 干扰（RNA interference，RNAi）是由内源或外源双链 RNA（dsRNA）介导同源 mRNA 降解，使得基因表达被抑制的现象，属于转录后基因沉默机制。其特点之一是高效性，很少量 dsRNA 就可以引起整个机体的基因沉默。

第三节　养殖技术的期盼

╱　未来养鱼工厂化

未来养鱼在室内，高密养殖节约水，
水质控制自动化，粪渣自排无三废。
鱼儿身在天堂里，张口就有美食吃，
喝的尽是过滤水，吸的尽是纯氧气。
鱼儿只顾快快长，每月就是好几两，
三月过后上餐桌，有机食品多品尝。
海水养殖去深海，大型养殖用船坞，
金枪石斑三文鱼，辽阔海疆去放牧。

注释：

　　以色列的集约化水产养殖模式走在了世界的前列，水库养殖年平均单产每公顷达到 10～20 t，室内半封闭循环水池养殖，产量可达每立方米 22 kg，全封闭循环水养殖，单位水体产量可达每立方米 150 kg，南美白对虾产量每立方米达到 5～15 kg。

2 海参养殖在室内

吃只海参一百几，百姓哪个吃得起，
只怪人多资源少，明知价贵也要吃。
将来格局会打破，海参要上百姓桌，
不因百姓更有钱，而在科技有杰作。
未来海参远离海，苗种引入内地来，
室内养殖产业化，海参将成家常菜。
技术层面没问题，首先保证海参吃，
海水可以人工配，海藻可以人工培。
海参住进育婴房，医疗条件有保障，
生长全程受监控，有病就医参健康。
水经过滤除菌渣，电子监控标准差，
保证水质似天然，大海内陆都是家。
水温自动可调节，海参休眠就有得，
只要提供可口食，有吃有喝偷着乐。
海参不求居别墅，空间狭小也能住，
高密养殖不互残，几十平方百斤出。
海参深海耐低氧，耐压本领更超强，
几千海底能生存，暗无天日自导航。
海参养殖工厂化，鲜活海参随上市，
待到十块一只时，国人谁都吃得起。
女人吃了能滋阴，男人吃了阳刚壮，
老人吃了延年寿，儿童吃了记性强。

 注释：

海参富含18种氨基酸、牛磺酸、酸性黏多糖、皂苷、胶原蛋白、多
种矿物质及活性成分，具有提高记忆力、延缓性腺衰老、防治动脉硬化及
抗肿瘤等作用。

3　鱼病远程来会诊

未来鱼病开门诊，鱼病诊断用视频，
渔民发个图片来，远程医生来会诊。
先是拍照鱼外观，是否竖鳞或溃烂，
是否赤皮或打印，肛红体红眼珠翻。
再就拍照鱼的鳃，是否烂鳃有虫害，
是否苍白或充血，是否鳃盖天窗开。
开膛再拍鱼肚里，是否鳔上有出血，
是否肝肠有红肿，是否血水流不止。
有了这些局部图，信息处理很快速，
当时就拿诊断书，120 急救药到除。

注释：

建立鱼的病虫害远程诊断信息平台，在做好渔民取样、拍照、手机上传等技术培训之后，十分有利于专家坐诊，及时指导渔民用药，尽可能快速地把渔药送达到渔民的手中，使鱼病能得到及时的救治。

"120 急救"指渔药迅速送达。

4　害藻克星噬藻体

噬藻体何物，乃是藻病毒，依藻而繁衍，藻类是宿主。
蓝藻水面飘，铜臭腥风招，毒素致鱼命，不知用何药。
蓝藻噬藻体，蓝藻为粮食，产品若问世，市场具潜力。

注释：

"铜臭腥风招"中的铜是指铜绿微囊藻和鱼腥藻，铜绿微囊藻和鱼腥藻都属蓝藻，都能引起水华，产生对人和动物有害的毒素和腥臭味。

5 三文鱼儿转基因

三文鱼儿转基因，两种基因鱼体引，
抗冻蛋白生长素，美国科技在引领。
大洋文鱼个体小，暖流生长三个春，
水温低下难生存，天然文鱼价格高。
奇努克鱼体庞大，生长激素更强盛，
鳕鱼寒冷能生存，抗冻蛋白具功能。
优良基因转文鱼，缩短养殖耐低温，
基因转鱼很安全，大胆食用无顾虑。

 注释：

美国 AquaBounty Technologies 公司向大西洋三文鱼的受精卵中植入从奇努克三文鱼体内提取的生长素基因序列，及从大洋鳕鱼体内提取的抗冻蛋白基因序列，经杂交培育出一种转基因三文鱼。转基因三文鱼的快速生长能力可降低养殖成本，对养殖环境适应能力更强，上市时间从三年缩短为一年半，而且身材要比普通野三文鱼大得多。转基因三文鱼在口感、色泽及维生素、矿物质、脂肪酸、蛋白质含量等方面与野三文鱼没有差别。

6 大鲵哭泣有期盼

大鲵属两栖，叫声婴儿泣，也称娃娃鱼，最大火蜥蜴。
大鲵种濒危，繁衍可人为，古今中药材，食材品味美。
大鲵疑病毒，养殖很棘手，病鲵鳃充血，水肿头贯足。
死亡不可逆，尚无药物医，哀鸣更凄惨，新药靠科技。

注释：

大鲵俗名娃娃鱼，属国家二级野生保护动物，具有很高的科研食用及药用等价值，大鲵起源于 3.5 亿年前的泥盆纪时期，素有"活化石"之称。大鲵属两栖动物，水中用鳃呼吸，水外用肺兼皮肤呼吸。

7　颡鱼暂养效益好

七月连续瓢泼雨，武汉渍水街成湖，
围墙倒塌要人命，新洲溃口汛告急。
暴雨殃及养鱼人，水漫鱼走遭损失，
农户标粗暂养箱，200万颡苗遭了殃。
雨水漫过暂养箱，老翁下水忙提网，
再查箱内黄颡鱼，十箱逃逸苗走光。
颡苗暂养未达意，天灾人责都有因，
来年不懈再努力，定能提高成活率。

注释：

　　2016年7月前后，湖北等地暴雨成灾，一家公司标粗的黄颡鱼苗因大水漫过暂养箱，短短1～2 h的时间，200万尾黄颡鱼苗全部跑光，损失不小。

8　养殖鳜鱼价更高

湖北蕲春县，24万净水面，家鱼远闻名，鱼苗走四方。
家鱼白菜价，渔民不赚钱，转产特种鱼，渔民好期盼。
鳜鱼价更高，防病待疫苗，李时珍本草，渔药可参考。

注释：

　　李时珍是湖北蕲春县蕲州镇东长街之瓦屑坝（今博士街）人，明代著名医学家。1590年完成了192万字的巨著《本草纲目》。人药和渔药有许多相似之处，现在鱼的保肝护肝动保产品大都是参照人的保肝护肝中草药配制而成。

附 录

著 者 成 果 集

1 专利

孟小林. 外观设计专利包装袋. 专利号：ZL 201430134282.5.

孟小林，徐进平. 基因工程家蚕抗菌肽及制备方法和应用. 专利号：
　ZL 200610125184.

孟小林，徐进平. 对虾抗病毒促生长双功能工程菌株及构建方法和应用. 专
　利号：ZL 20061024655.5.

孟小林，徐进平. 抗对虾白斑综合征病毒工程蛋白 VP28 - CD 及制备和用途.
　专利号：ZL 200810047776.3.

孟小林，徐进平. 抗对虾白斑综合征病毒重组伤寒沙门氏菌株及制备和用途.
　专利号：ZL 200810047777.8.

孟小林，徐进平. 抗对虾白斑综合征病毒工程蛋白 TAT - VP28 - GH 及制
　备和用途. 专利号：ZL 201110177245.8.

孟小林，徐进平，王健. 一种基因工程口服 DNA 疫苗及制备方法和应用.
　专利号：ZL 201110367094.2，2013 - 01 - 23.

孟小林，徐进平，王健，于京佑. 鲇生长激素与穿肠膜肽 TAT 融合蛋白及
　制备方法和应用. 专利号：ZL 201210188435.4，2014 - 01 - 01.

孟小林，徐进平，王健，张清涛. 一种克氏原螯虾 C -型凝集素基因及制备
　方法和应用. 专利号：ZL 201110217937.0，2014 - 06 - 05.

孟小林，徐进平，王健，周莉. 一种促进黄鳝生长的口服重组蛋白 TAT - GH
　及制备方法和应用. 专利号：ZL 201210190098.2，2013 - 06 - 05.

孟小林，徐进平，王健，曾辉. 罗非鱼重组口服蛋白 TAT - GH 及制备方法

和应用．专利号：ZL 201210189101.9，2014 - 10 - 01．

孟小林，徐进平，王健，张毅，宁建芳．抗对虾白斑综合征工程蛋白 TAT - VP28
　　及制备和用途．专利号：ZL 201010572930.6，2013 - 07 - 31．

孟小林，徐进平，孟明翔，王健，杨莉莉．抗草鱼出血病病毒工程蛋白
　　TAT - VP7 - TAT 及制备方法和应用．专利号：ZL 201510194969.1，
　　2018 - 03 - 02．

孟小林，徐进平，孟明翔，王健，潘娟．一种口服重组融合蛋白 TAT - MAP30
　　及制备方法和应用．专利号：ZL 201311079123.93，2014 - 03 - 05．

孟小林，徐进平，孟明翔，王健，潘娟．一种重组融合蛋白 hIFNY - MAP30
　　及制备方法和应用．专利号：ZL 201316567394.6，2014 - 04 - 06．

孟小林，徐进平，程浩宇，鲁伟，王健．检测对虾白斑综合征病毒的试剂条
　　及其制备方法．专利号：ZL 200610124654.0，2012 - 03 - 21．

徐进平，孟小林．一种表达重组对虾肽 Pen24 的基因程菌株及应用．专利
　　号：ZL 2006100193635．

徐进平，孟小林．一种表达重组对虾蛋白 Pen9 的酵母工程菌及制备方法和
　　应用．专利号：ZL 200610125183．

徐进平，孟小林，王健，唐检秀．重组对虾蛋白 SF - P9 及制备方法和应用．
　　专利号：ZL 201010572929.3，2013 - 05 - 01．

2　论文

Chen D D, Meng X L*, Xu J P*, Yu J Y, Meng M X, Wang J,
　　2013. PcLT, a novel C-type lectin from Procambarus clarkii, is involved
　　in the innate defense against Vibrio alginolyticus and WSSV [J]. Develop-
　　mental and Comparative Immunology, 39 (3): 255 - 264.

Cheng Q Y, Meng X L*, Xu J P, Lu W, Wang J, 2007. Development of
　　Lateral-flow Immunoassay for WSSV with Polyclonal Antibodies Raised a-
　　gainst Recombinant VP (19＋28) Fusion Protein [J]. Virologica Sinica,
　　2007 (01): 61 - 67.

---

* 为通讯作者。

Li H X, Meng X L*, Xu J P, Lu W, Wang J, 2005. Protection of crayfish, Cambarus clarkii, from white spot syndrome virus by polyclonal antibodies against a viral envelope fusion protein [J]. Journal of Fish Diseases, 28 (5): 285 - 291.

Ning J F, Zhu W, Xu J P, Zheng C Y, Meng X L*, 2009. Oral delivery of DNA vaccine encoding VP28 against white spot syndrome virus in crayfish by attenuated Salmonella typhimurium [J]. Vaccine, 27 (7): 1127 - 1135.

Wang H, Meng X L*, Xu J P, Wang J, Wang H, Ma C W, 2012. Production, purification, and characterization of the cecropin from Plutella xylostella, pxCECA1, using an intein-induced self-cleavable system in Escherichia coli [J]. Applied Microbiology and Biotechnology, 94 (4): 1031 - 1039.

Yu J Y, Meng X L*, Xu J P*, Chen D D, Meng M X, Ni Y W, 2013. Fusion of Tat-PTD to the C-terminus of catfish growth hormone enhances its cell uptakes and growth-promoting effects [J]. Aquaculture, 392 - 395: 84 - 93.

Zhang Y, Ning J F, Qu X Q, Meng X L*, Xu J P*, 2012. TAT-mediated oral subunit vaccine against white spot syndrome virus in crayfish [J]. Journal of Virological Methods, 181 (1): 59 - 67.

3 指导论文

高志敏. 对虾 IHHNV 基因组测序及 CP - PTD - VP28 重组蛋白对螯虾非特异性免疫因子的激活作用研究. 武汉大学硕士学位论文.

袁平. IHHNV - CP 的克隆、表达及诱导克氏原螯虾非特异免疫反应的研究. 武汉大学硕士学位论文.

后记

本人早年毕业于武汉大学病毒学系病毒学专业，有幸师从刘年翠教授，并得到高尚荫院士的关怀，将我留在了当时的武汉大学病毒研究所从事昆虫病毒基础和应用基础研究暨病毒学系从事医学病毒实验课程的教学工作。借此诗歌集出版之际，表达我对两位老前辈的崇敬和感恩之情。

2000 年一个偶然的机会，本人在广西南宁与南美白对虾白斑综合征病毒结下不解之缘，自此以后就开始带领科研团队跨入到水产行业，从事鱼、虾抗病原微生物药物的研发，至今已有二十个年头了。为了把科技成果转化为生产力，2013 年本人怀抱理想与初心来到湖北鄂州经济开发区创办了湖北肽洋红生物工程有限公司，主要研发水产抗病毒免疫调节剂及调水改水微生物制剂。起初，出自宣传企业产品的初衷，本人把企业生产的几十个非药品分别编成了诗歌，在对农户技术培训的过程中发现，诗歌加注释的授课形式很受渔农的欢迎，都觉得好记、好使、好用、接地气。每场技术培训，少则几十人，多则上百人，会场上没有人交头接耳，十分安静，只见到渔民纷纷举起手机拍摄授课内容。有了这种感受和开端之后，本人笃定要把水产养殖技术写成一本诗歌集，将来更好地为渔农服务、为社会服务。说时容易做时难，从提笔到完成大约花了近六年的时间。《水产养殖技术歌诀与趣味知识集》包括知识趣味、水质调控养殖技术、水产病害防控、虫害防控、对症下药、感悟与展望六章，共由 324 首诗歌组成。在写作的过程中，曾多次想打退堂鼓，主要由于本人没有写诗歌的基础、文字功底又不深厚，没有参考，没有借鉴，也不知道向谁请教，加上水产病虫害防控专业性强，在选词造句与押韵方面难度很大。然而，之所以最终能够完成这部诗歌集，主要原因还是本人已爱上了这个行业，以及对渔农的那份深情。每当渔民养鱼死鱼、老农在池塘边老泪横流、留守村姑因鱼死而号啕大哭的情形在我脑海里浮现时，出于知识分子的良知，会想该如何为渔民做点实事，那就是：代渔民呐喊"渔业要补贴""渔业进商保"，亲自到塘头指导渔民调水用药，让渔民养鱼少死鱼或不死鱼。除此之外，能完成这部诗歌集也许还因为本人在水产病害防控从理论到实践上都有一定的积累和基础。在写作的过程中，本人总是抱着笨鸟先飞早入林和文章不厌百回改的态度。这部由324首诗组成的诗歌集已记不清改了多少回，俗话说"只要功夫深，铁杵磨成针"，最终也应验了这个道理。

在此，我要特别感谢我的家人对我工作上的理解和支持，还要特别感谢我在武汉大学生命科学学院病毒学国家重点实验室的研发团队，有几十位博士和硕士，他们大多参与到了鱼病防治研发的课题。她们是：莫国艳（博士后）、肖睿璟（博士后）；袁哲明博士、宁建芳博士、梁焯博士、张清涛博士、王宏博士、陈丹丹博士、王楠博士、孟明翔博士、张毅博士；硕士研究生刘平、马永平、欧洋、胡蓉、赵耀儒、涂海军、胡燕、李红霞、黄世荣、韩建山、贾启军、杨和平、李伟灿、程清宇、藏世家、付百玲、夏孝益、袁瑞玲、刘浏、黄研、曾煜、李静、刘智毅、周晔、丁瑶、叶予、李骥、彭玲、胡春玲、朱薇、王岚、夏函、臧鹏、屈兴芹、彭超宇、魏梦函、黄静、张沈阳、周莉、于京佑、倪龙泉、陈海燕、曾辉、李梦、倪雅文、陈巨、田丰、陈红、潘娟、袁平、孙秋菊、高志敏、张茜、杨莉莉、杨瑜、王美娜、李林曦、陈玲玲；以及课题组徐进平老师、肽洋红生物工程有限公司孟尧等。正是由于这帮年轻人的默默奉献，做了大量基础性的工作，才使得诗歌展望篇极具内涵。还要感谢水产领域同行专家的书作，在我写作的过程中给我提供了基本素材，我从中汲取了颇多的营养和灵感。由于诗歌在写作上的局限性和自己的水平有限，在《水产养殖技术歌诀与趣味知识集》中不可避免地存在缺点或错误，期望专业学者、诗歌爱好者和渔农多提宝贵意见，本人愿虚心接受并不胜感激，如有再版之日，将进一步更正。在此，小诗两首以表自己现在的心情和今后的人生态度："有清福不享自贱，外在囊有钱，内羞涩，渔歌满船只不过打鱼人。花甲后睡眠差矣，但愿身无病，心身健，柳下渔夫子垂钓胜神仙。"当有人问及"你为什么还要那么执着"时，我会笑答："人过花甲静，笔墨书践行。心思鱼去病，飞信答疑问。通理写大地，池墨泼不尽。君问何以持，渔歌情浦深。"

孟小林
2019 年 12 月于武昌珞珈山

图书在版编目（CIP）数据

水产养殖技术歌诀与趣味知识集 / 孟小林著 . —北京：中国农业出版社，2020.12
ISBN 978 - 7 - 109 - 27519 - 5

Ⅰ.①水… Ⅱ.①孟… Ⅲ.①水产养殖—普及读物
Ⅳ.①S96 - 49

中国版本图书馆 CIP 数据核字（2020）第 207087 号

中国农业出版社出版

地址：北京市朝阳区麦子店街 18 号楼
邮编：100125
责任编辑：郑　珂　杨晓改　　文字编辑：蔺雅婷
版式设计：王　晨　　责任校对：沙凯霖
印刷：北京通州皇家印刷厂
版次：2020 年 12 月第 1 版
印次：2020 年 12 月北京第 1 次印刷
发行：新华书店北京发行所
开本：700mm×1000mm　1/16
印张：14.5
字数：300 千字
定价：168.00 元
